諜報員たちの戦後

陸軍中野学校の真実

斎藤充功

角川書店

諜報員たちの戦後　陸軍中野学校の真実

目次

序章　秘密戦士たちの留魂祭　9
留魂祭に集う老戦士たち　10
真実の姿を追う旅　13
戦死率一三・六パーセント　15
諜報員たちの戦後史　17
第一章　陸軍中野学校とは　21
中野校友会　22
「中野は語らず」　25
創成期の中野学校　27
戦争中期の中野学校　32
〝後方勤務要員養成所〟開設の経緯　34
不明者はどこへ行ったのか　38
終戦前後の動き　39

第二章　知られざる中野学校秘話　43

神戸事件と伊藤少佐　44
神戸事件と中野学校　47
いま明らかにされる真相　51
一期生の手紙　53
「十年早ければ……」　55
刑死した卒業生　58
中野学校の終焉　64

第三章　〝戦犯〟となった卒業生とＧＨＱ潜入工作　69

中野学校一期生　70
上海の軍事法廷に立って　74
モノクロ写真が語る外地勤務時代　80
油山事件　85
事件の真相とは　95
処刑実行者の告白　98
ＧＨＱ潜入工作　107

遊撃戦教育と泉工作 110
占領軍監視地下組織 113
なぜ潜入したのか 116
〝国家の秘密〟 120

第四章 下山事件との関わり 125

下山事件 126
情報提供者 127
アメリカに住む中野学校卒業生 130
GHQのインテリジェンス・ビル 133
奥山を訪ねて 140
点と線を結ぶ 144
事件をさらに追う 146
遠のいた核心 149

第五章 幻の教材発掘 155

六十年ぶりの発見 156
吉原国体学 158

原資料にみる中野学校の教育 161
現代にも通用する教育 167

第六章 陸軍中野学校と戦後諜報機関 171
自衛隊調査学校をつくった中野関係者 172
引き継がれた中野学校の教育 177
三島由紀夫と山本舜勝 179
卒業生の失敗談 185
内閣調査室に伝説を残した男 192

第七章 「最後の抑留者」の証言 199
中野学校卒業生に間違われた「最後の抑留者」 200
中国での謀略工作 203
深谷と望月の関係 207
中国の核実験情報 209

終　章 陸軍中野学校の戦後を追って 213
歴史は遠く 214

中野学校終焉の地　215
中野学校を追い続けて　222
あとがき　227
引用・参考文献　231
資料　陸軍中野学校教材「戦術」より　233

装丁／角川書店装丁室
本文図版／リプレイ

序章　秘密戦士たちの留魂祭

留魂祭に集う老戦士たち

京都・霊山《りょうぜん》観音――東山の山麓《さんろく》に建てられたこの白亜の観音像は、周辺の寺々には馴染《なじ》まない環境にあった。境内には旧軍の飛行第十八、第八十一戦隊や予科練十八期の碑、歩兵第六十連隊の慰霊碑が建立されており、今次の大戦で日本軍に従軍して亡くなった韓国人犠牲者を慰霊する碑などもある。

平成十六年（二〇〇四）四月十日。この観音像を目指す老人たちが、行楽客に混じって坂道を三々五々、上ってくる。杖《つえ》をついた老人が多い。この日、東山には桜吹雪が舞っていた。よく晴れた午前十一時の気温は二十五度を超え、上着を脱いでもシャツには汗が染み込んできた。

今日この場所に集まってきた老人たちは、花見にやって来たのではない。留魂祭に参加するために集まったのだ。遺族や同伴の夫人を入れると、二百余名を数える。そのなかには、三十年前にフィリピンのルバング島から生還した八十二歳の小野田寛郎の姿もあった。

二俣分校一期生の小野田も参加した留魂碑二十三年祭。そう、この老人たちは、かつて秘密戦士と呼ばれた陸軍中野学校の卒業生で、仲間の供養のために集まった元諜報戦士《ちょうほうせんし》であった。

祭事は、境内の高台に自然石で作られた高さ二・五メートル、幅二メートルの碑の前で導師の読経から始まった。「留魂」は、幕末の学者吉田松陰が著した『留魂録』から採られた。碑の発案者は「留魂」に思いを込めて、「己を滅却して礎石たるに安んじ、名利を棄《す》て、悠久の大義に生くるの信念は実に茲《ここ》に淵源《えんげん》す。我等中野に学びて特殊の軍務に服し……（中略）。この碑に我等が志の支柱たる誠の精神を留《とど》めんとす」と碑文を刻んだ。

焼香が終わったあと、中野学校の校歌ともいうべき「三三別れの歌」を全員で唄《うた》って、祭事は終了した。この歌の原歌詞を作ったのは、中野学校卒業生の柳田慎（三丙）といわれている。柳田は北満州での演習視察中に、現地で唄われていた「蒙古《もうこ》放浪歌」のメロディーに感動して即席の詩を作り、中野学校に持ち帰った。

霊山観音の敷地に作られた留魂碑

そして、その詩を添削したのが国体学を教えていた吉原政巳教官で、のちに「三三壮途《わかれ》の歌」というタイトルをつけて校歌にしたという。現在の「三三別れの歌」と同じ歌詞だが、タイトルは戦後になって変えていた。吉原は原歌詞を添削するとき満州の荒野をイメージし、中野の精神である「誠」に思いを込めて作詩したといわれる。

吉原は「誠」の意味を四書の「中庸」から引用していた。

〈誠は天の道なり。之《これ》を誠にするは人の道なり。誠は勉《つと》めずして中《あた》り、思はずして得、従容として道に中る。聖人なり。之を誠にするは善を択《えら》んで之を固執する者なり〉（第二十章）

中野学校の戦士は「謀略は誠なり」という精神を固く守り、諜報戦士として誠を貫くことが肝要であると教えていたわけだ。

この碑文にもあるように、留魂祭に参加した卒業生たちは特殊な軍務に服していた。その任務とは、軍服を脱ぎ、背広や現地人の服装をまとい、中国や満州、南方地域など日本軍が進出した全戦域で謀略戦や情報戦、宣伝戦、諜報戦、ゲリラ戦を展開することだった。これら各種の工作に当たっていたのが、中野学校を卒業したプロの工作員たちであった。

祭事が終わり、中野学校で同じ釜《かま》の飯を喰《く》った先輩、後輩たちは久しぶりに会う仲間との歓談に花を咲かせていた。私はその合間を縫って、何人かの元戦士と話す機会をもった。

私は元戦士たちに、中野学校の戦後について問うてみた。一見すると、その風貌《ふうぼう》はみな好々爺《こうこうや》である。戦後は商社マン、銀行員、教師、事業家、医師、弁護士、政治家などの職に就き、この日は出席していなかったが、国会議員や地方の首長などを務めた卒業生もいる。なかには陶芸家や画家などの道に進んで成功した変わり種もいた。

だが、自らの戦史を語るものはほとんどおらず、陸軍中野学校の遺訓ともいうべき「黙して語らず」を今日でも貫いている。その頑《かたく》なまでの姿勢に、私は戸惑いを覚えた。反面、「黙して語らず」というよりも、語るほどの戦歴や諜報員としての実戦経験など持ち合わせていないのではないか。そんな疑問すら、その時は感じたのである。

真実の姿を追う旅

私が陸軍中野学校に関心をもったのは、『謀略戦—ドキュメント陸軍登戸研究所』（時事通信社、一九八七年）を書くための取材がきっかけだった。その頃にはまだ多くの関係者が存命していて、中野学校と登戸研究所の関係を語ってくれた。そのなかに、登戸研究所第二科で「謀略・防諜器材」の開発を担当していた伴繁雄（故人）がいた。

「私は中野学校が参謀総長の直轄校になった昭和十六年（一九四一）に、併任教官として中野に派遣されて、学生たちに謀略器材の使い方を教えていました。当時、中野には学校本部のほかに教育部があって、学生寮で生活していた乙・丙種学生を指導する学生隊がつくられ、次いで高度秘密戦の研究をする研究部も設けられ、さらに実験隊も創設されました。秘密戦の実行手段として、敵地・敵国への潜入方法、潜行偵察の技術、あるいは謀略、破壊のテクニック、秘密通信暗号の発信や解読などを教えていました」

当時、登戸研究所には中野学校の併任教官として、伴少佐のほかに〝無線の高野〟と呼ばれていた高野泰秋少佐と尉官クラスの将校が数名派遣されていた。

陸軍中野学校と陸軍登戸研究所は、いわば兄弟の関係にあった。創設は登戸研究所の方が古い。

留魂碑二十三年祭に私を呼んでくれたのは、八十一歳（以下、年齢は取材時のもの）になる石川洋二で、彼は中野学校末期の学生であった。石川と知り合ったのも、私の著作が縁だった。

会場は一見和やかな雰囲気に包まれていたが、それは仲間の輪が醸し出すもので、私は卒業生の結束の固さと部外者を拒否する冷徹さを思い知らされた。そして私は、そのとき決意したのである。前身の後方勤務要員養成所時代を含め、七年間だけ存在した陸軍中野学校の戦後史に風穴を開けてみたい、真実の中野学校とは一体どのような組織であったのかを知りたい、と。

留魂碑二十三年祭は、参加者全員の記念写真撮影で終わった。元戦士たちは仲間に別れを告げると、まだ陽の高い京の街に消えていった。

私のそばで参加者を見送る石川がポツリと呟《つぶや》いた。

「今日参加した人で最高齢者は九十一歳、平均しても八十歳を超えているでしょう。来年の留魂祭までに、何人の訃報が会誌で報告されるやら。会員も年々、高齢化してきているんです」

石川の呟きから、中野学校関係者の取材にはそれほど時間が残されていないことを、私は強く自覚した。現在、全国に六百余名の卒業生が健在である。果たして何人の卒業生や遺族が取材に応じてくれるだろうか。先のことを考えると、私は少々陰鬱《いんうつ》な気分になってしまった。

戦死率一三・六パーセント

留魂祭が初めてこの地で開かれたのは、昭和五十六年（一九八一）だった。碑の除幕式を兼ねて卒業生の全国大会が開かれた。参加者は全国各地から遺族を含めて一千名近くが出席した。碑の建立には現在、中野校友会近畿支部長を務めている國吉勇次（三丙、八十四歳）らが中心になって、会員に檄《げき》を飛ばし募金を募った。だが、会員のなかには建立に反対する声も多かった。しかし、校友会の総会でいったん建立を決すると、会員遺族の子弟らでつくる中野二誠会（会長・太郎良譲二）の協力もあって、浄財はあっというまに予定額を上回ったという。それこそ、中野学校卒業生のネットワークの強さの証《あか》しであろう。

國吉は、「留魂碑の維持管理はいずれ中野二誠会に引き継ぎ、年祭も続けてもらいたい」とも語っていた。

留魂碑の台座のなかには戦死者の名簿が納められている。昭和五十三年（一九七八）に、卒業生の親睦《しんぼく》団体「中野校友会」がまとめた校史『陸軍中野学校』によると、卒業者総数は二一三一名。うち、戦死者は二八九名とある。約一三・六パーセントの戦死率である。この中には当然、戦闘中に倒れた者もおり、病死者あるいは戦地で敵軍に謀略工作を仕掛けている最中に発見されて交戦の果てに死んでいった者もいるだろう。

彼らの戦死が遺族に知らされた例は少ないという。偽名や変名で特殊任務に就いていた秘密戦士たちは、正規の将校、下士官、兵のように認識票を持たなかった。そのため、遺体の本人確認が難しく、同僚や所属していた部隊の将兵の証言だけが本人を確認する方法だったからだ。いずれにしろ、一三・六パーセントの戦死率は決して小さいとはいえない。なお、校史には三七六名の不明者数も記されている。

卒業期別のグループで話題に花を咲かせている卒業生たちのそばで、私はそれとなく話を聞いていた。洩《も》れてくる会話には、戦地での情報工作の話が飛びかっていた。彼らの話には時折、中野独特の隠語なのか、それとも専門用語なのか私には理解できない言葉が混じる。

例えば、ジャワで現地人に対する宣伝工作を行っていたある工作員の近くで、別の工作員がオランダ領事館の現地人コックを買収して館内の見取り図を手に入れようとしていた、などという話が交わされている。しかも二人は、お互いに「そんなことをやっていたんですか。全く知りませんでしたね」といった具合なのである。

だが、彼らには他の戦友会のように元の階級を意識した上下関係は全くない。先輩と後輩の間であっても、お互いに〝さん〟づけで呼び合っている。石川によれば、軍隊という縦社会にあっても、中野学校の卒業生は、横の繋《つな》がりを大事にしているため、階級でお互いを呼び合うことはないという。

先輩、後輩は期別ではっきりと分かれている。今回の祭事には参加していなかったが、中野学校の第一期生は、学校がまだ正式に陸軍から認められていない時期に、後方勤務要員養成所を卒業した。九段会館（旧軍人会館）の近くにあった愛国婦人会本部の別館で一九名が寝起きして、諜報員としての教育を受けていた。

後方勤務要員養成所は中野学校の前身で、ここでは寺子屋式教育が行われていたという。石川に紹介された櫻は乙二長出身で九十歳、石川は九丙で終戦時にはまだ在学していた（期の呼称については後述する）。

現在の九段会館を九段坂方面から望む

諜報員たちの戦後史

中野の卒業生のなかには戦後、経済界で活躍した人物も多い。向江久夫・元足利銀行頭取もその一人だ。陸士第五十六期の卒業で、中野学校が群馬県富岡町（現富岡市）に疎開したときの教官だった。昭和二十年（一九四五）四月から終戦直前まで、富岡校で学生隊の教育主任を務める大尉であった。戦後、東大経済学部に入学し、卒業後は足利銀行に入行して出世の階段を上っていった。向江は現職中に何度もマスコミの取材を受けていた。地元紙のインタビューでは、銀行経営と中野の教育について、こう語っている。

〈「あそこで学んだ謀略宣伝のノウハウを経営に生かしたんだ」
社章など銀行のイメージカラーを現在の青にしたり、テレビCMを打ち出したりしたのは、その一環だった〉（二〇〇四年九月十日、下野新聞）

向江が金融界で成功したのも、中野学校で学んだ宣伝工作が大いに役に立ったのだ。
ついでに記しておけば、乙一長出身で富岡校の研究部に配属され、本土遊撃戦を研究していた木村武千代少佐は戦後、国会議員になっている。また、小野田の後輩にあたる、二俣分校三期生の石橋一弥少尉は文部大臣を務めた。さらに、久留米予備士官学校から中野に推薦された八丙出身の恒松制治少尉は、島根県知事を三期務めたのち、地方財政の知識を請われて、学習院大学教授や獨協大学学長を歴任している。

　とはいえ、留魂碑二十三年祭に参加した卒業生のほとんどは、現役を引退して自適の生活を送っており、戦後の生き方はそれぞれに異なろうが、温厚な紳士が多かった。しかし、若き時代に秘密戦士として諜報工作に従事していた頃の顔は、また、別物であったはずだ。

　先述したごとく、期別でグループを作って話し込んでいた卒業生の口からは、光機関、東部ニューギニア戦線の台湾高砂族義勇軍、国民党軍の将軍救出作戦、終戦直後の叛乱《はんらん》計画、朝鮮戦争志願兵といった言葉が次々と飛び出していた。

　ここに集まった老紳士たちは、歴史の闇に消えた諜報戦の世界を自ら体験してきた生き証人でもあったわけだ。

　彼らが活躍したのは半世紀以上も前、当時の言葉でいうところの日支事変から大東亜戦争の時代であった。その大戦の結果、日本は国富の大半を失った。しかし、瓦礫《がれき》の中から戦後復興を果たすべく、日本再建の最前線で経済戦争を戦ってきたのも、また彼らの世代である。

　平成十七年（二〇〇五）は終戦から六十年目に当たる。その六十年間の間に、彼ら中野学校の卒業生たちは、いったいどんな戦後を歩んできたのだろうか。先述したように、卒業生のなかには表舞台の各分野で成功した者も数多くいる。〝経済戦士〟として欧米諸国の企業と戦ってきた卒業生もいるだろう。

　しかし、戦後もインテリジェンス（情報）の世界で働いてきた卒業生もいるのではあるまいか。彼らは、中野学校で"秘密戦のための戦士"として鍛えられた。そのキャリアを求める組織が、戦後の日本に存在していたとしても不思議ではあるまい。

　私は談笑しながら中野時代を語る老紳士たちの表情を見ながら、彼らの戦後史を追ってみたいという強い衝動に駆られた。

　私の取材行は、こうして始まった。

第一章　陸軍中野学校とは

中野校友会

昭和五十三年（一九七八）三月、九百ページに及ぶ大部の記録が刊行された。表題は『陸軍中野学校』で、編集発行人は「中野校友会」。三年の時間をかけて完成した校史である。校史編纂《へんさん》にあたっては、次の六点に留意したと記されている。

〈1　校史は全会員提出にかかる資料に基づき、全会員の手で編纂する。
2　事実の客観的記述に重きを置き、個人的戦記、追憶等はつとめて避ける。
3　記述は原則として昭和二十年八月十五日までとし、戦後のことは引揚げ、抑留等必要なものに留《とど》める。
4　なお現在でも校史編纂に反対の会員もあり、その意向を十分に尊重する。
5　校史編纂は、亡き同志に対する慰霊追悼と、子孫への書き残しを目的とし、決して世に問うような性質のものにしない。
6　従って本書の出版は、会員限りの限定版とし、自費出版として編集、出版の諸費用は一切会員の購読費及び拠金によるものとする〉

編纂委員会の役員を務めた櫻一郎は、校史編纂の経緯を自宅で次のように語った。

「この本が出てから四分の一世紀が過ぎました。当時、刊行については反対意見も随分とありました。『中野は語らず』がモットーで、記録など遺《のこ》すべきではない、という理由でした。しかし、反対した会員も、寄稿はしなくても、刊行が正式決定すると、資金面で応援してくれました。戦後については、いろいろと差し障りがあるということで記録に遺さないことにしたんです」

中野校友会編纂の校史『陸軍中野学校』

東武東上線沿線に住む櫻は、大正三年（一九一四）一月生まれの九十歳。しかし、いまだ矍鑠《かくしゃく》としており、記憶も確かで、二十六年前をこう述懐する。

「この本は千五百部限定で、会員に一万円で頒布しました。会員というのは、中野学校の教官と卒業生でつくっている中野校友会員のことです。当時生存していた会員は、一四五八人でした。購入者がわかるように、本の奥付にはナンバーリング

自宅で証言する櫻一郎

が付してあります。例えば、私は五十番です」

　櫻は購入者名簿を管理していた。名簿には購入者の名前と住所、それに通し番号と卒業期が書かれている。櫻の卒業期は「乙二長」で、昭和十六年（一九四一）の日米開戦前に卒業しており、入学は前年の十二月であった。

「私は盛岡の予備士官学校出身で、第三期乙種学生でした。中野の卒業期は複雑でしてね。創設から終焉《しゅうえん》まで七年間に三、四回も制度が変わっており、最後の期は在学中に終戦を迎えた十丙と、二俣の四期生です」

　櫻は予備士官学校の出身で、いわゆる幹部候補生（幹候）である。幹候とは、兵隊のなかから一般大学か高等専門学校、中学の卒業生が試験を受けて予備士官学校に入学した者を指す。だが、軍人社会では、士官学校を卒業した軍人たちからは「アマチュア軍人」と蔑《さげす》まれていたようだ。

　しかし、学卒で社会経験をもつ予備士官が、純粋培養された士官学校出身者よりも多いのが中野学校の特色で、これに次いで下士官出身者が多数を占めていた。士官学校出身者は、中野では少数派ということになる。ちなみに櫻は一高、東京帝大を卒業して水戸の第二連隊に一兵卒として徴兵された。

私は櫻一郎と出会うまでに、一期生から九丙まで、十数名の卒業生を訪ねていた。櫻を紹介してくれたのは、京都府下に住む九丙の石川洋二で、彼も京大卒の幹候出身者であった。櫻への取材理由は「中野学校史」に関する解説の依頼だった。しかし、話を始めると、中野学校時代のことから参謀本部第六課（アメリカ班）勤務の時代、終戦直前の第十六方面軍（司令部は福岡市）参謀部情報班時代、そして戦後の生きざまにまで及んだ（詳細は後述する）。

「中野は語らず」

陸軍中野学校の「学生制度」は複雑で、卒業生も自分の卒業期は覚えているものの、系統的に語れる者は少なかった。その点、櫻は初期の卒業生で、中野学校の組織や制度について精通している数少ない生き証人でもあった。

櫻は「陸軍中野学校の組織と変遷」と題する記録を大学ノートに残していた。この記録は部外者が中野学校について理解するための恰好《かっこう》の資料なので、私見を交えながら中野学校の歴史を辿《たど》ってみたい。

ノートは次のような文章で始まっている。

〈陸軍中野学校は、昭和十三年七月より終戦まで、わずか七年間の短い存在であったが、国際情勢とくに大東亜戦争の戦局につれて、その組織、編成並びに教育、研究の内容に大きな移り変わりのあったことは当然である。

ただ一貫して変わらなかったのは、広義の秘密戦分野の研究ならびに秘密戦要員の養成に専任したことと、学校の内容はもちろん、その存在すら厳に秘匿されてきたことである。それと忘れてならないことは「謀略は誠なり」の言葉が示す通り、中野では秘密戦士の人格の陶冶《とうや》と滅私・至誠の精神の涵養《かんよう》を最重点として鍛錬したことである。

中野出身者のなかには、今日に至るまで、妻子にも中野出であることを明かさぬ人がいるが、それは中野出であることを卑下してではなく、「中野は語らず」の信条に発するものであろう。しかるに皮肉なことに戦後中野学校くらい、よきにつけ、悪しきにつけ、マスコミの材料になった施設は、陸軍諸機関のなかでも少ないのではなかろうか。時には興味本位に利用され、時には誤解と悪意もてあげつらわれ、また時には赤面するほど過大な評価をされたこともある。

とまれ陸軍中野学校が前後七年の間に二一三一名の秘密戦要員を送り出した事実、またこ

のような機関の存在を必要ならしめた国際情勢の真相を正確に記録することは後世への務めではなかろうか〉

「中野は語らず」の伝統は、今日でも卒業生の間に受け継がれている。それを私が実感したのは、序章でも述べたように、京都で開かれた留魂碑二十三年祭に参加したときである。集まった卒業生のなかで最年長者は櫻一郎で、彼より先輩の学生は一期生と一乙のグループだけであった。

創成期の中野学校

陸軍中野学校の前身は昭和十三年（一九三八）七月、陸軍省所管のもとに開設された「後方勤務要員養成所」だが、昭和十五年八月、陸軍中野学校令が制定されて正式に学校として認知された。この二年間を櫻は〝創成記〟と称している。

〈この期間に属する学生は、第一期および第二期の将校学生と第一期下士官学生である。第一期学生は入所時総員一九名、すべて学卒、民間出身の新任少尉で、九段下の愛国婦人会本部別館の一室を借用して教育が開始された。派遣教官は所長の秋草俊中佐、幹事役の福本亀

愛国婦人会本部（左の二階建てが別館）

治中佐、学生指導の伊藤佐又少佐らの武官教官と若干の文官教官で、その他は陸軍省、参謀本部各課ならびに陸大、陸士などからの派遣教官であった。

教育の方針は学生の性格や学歴、職歴に留意し、一定の鋳型にはめ込まないように注意し、情報勤務に必須《ひっす》の資質、精神、術科の教育を行った。フリー・トーキング式の研修が多く採り入れられ、寺子屋式人間教育が中野のスタートであった〉

陸軍中野学校の誕生にあたって、入校生は一九名。ささやかなスタートであった。昭和十四年（一九三九）四月、養成所はこの地から東京市中野区囲町の旧中野電信隊跡地に移転した。第一期生は愛国婦人会本部別館で九カ月学んだが、卒業は移転先の中野の仮校舎であった。

官制上、陸軍中野学校はれっきとした軍の学校であったが、表に学校の名を出すことはなく、「陸軍省通信研究所」あるいは「東部第三十三部隊」という通称で呼ばれていた。

「中野学校」の名は地名から採ったもので、他に地名を冠した特殊学校としては、毒ガス戦の教育を行っていた千葉県習志野の「陸軍習志野学校」が存在した。

また中野学校の期別と「乙」「丙」「戊《ぼ》」といった呼称は複雑なので、やや長くなるが、櫻ノートを引用しておく。


〈第一期生は昭和十四年八月に卒業し、三カ月後の十一月に第二期将校学生が入学したが、これと同時に初めて教導学校より第一期下士官学生五〇名が入校した。彼らは昭和十五年十月に卒業したが、在校中の八月に陸軍中野学校令が制定されたので、彼らは後方勤務要員養成所学生として入所し、陸軍中野学校学生として卒業したことになる。陸軍中野学校令では、学生の種別を三に分けている。甲種学生とは陸士出身の学生であり、乙種学生とは予備士官学校出身の将校学生であり、丙種学生は教導学校出身の下士官学生であった。

第二期の乙種学生には長期学生と短期学生という区別があった。長期学生は長期に亘《わた》り、時には生涯海外で独立運動に服すべき要員として、校内でも他のクラスとは隔絶した建物で起居修学し、変名を常用し他種の学生との接触を禁止されて卒業した。

この制度は次の期にも実施されたが、大東亜戦争中の日本にとって、後方勤務要員を海外に投入する時期はすでに過ぎ去っており、結局、卒業後は長短の区別なくすべて一様に戦時秘密戦に勤務した。この期まではまだ第一期生当時の気分が受け継がれ、軍の学校には珍しい自由な空気の中で教育が行われていた。

昭和十五年八月陸軍中野学校令の制定から昭和十七年秋、三丙（第三期丙種学生の略）の卒業時までを前期と呼ぶ。

また学生も甲種の第一期生五名が十五年九月に、同第二期生十数名が十六年二月に入校したほか十五年十二月に第三期乙種長・短学生、第二期丙種学生が入校した。昭和十六年六月、独蘇《どくそ》戦開戦。関東軍は日蘇即発に備えて大兵力を蘇満国境に集結した。関東軍特種大演習である。中野学校ではこの事態に処するため乙、丙種学生の教育課程を後期三カ月カットし、七月末急遽《きゅうきょ》卒業させて、それぞれ任地に急行させた。

大東亜戦争開戦を目前にして陸軍中野学校令の改正により次のような変遷があった。

1　従来の甲種学生を乙種学生と呼ぶ
2　従来の乙種学生を丙種学生と呼ぶ
3　従来の丙種学生を戊種学生と呼ぶ
4　乙種学生ならびに丙種の修了者を再度入学せしめ、さらに高度の情報勤務者としての教育を行う学生を甲種学生と呼ぶ

5　戊種修了者を再度入学せしめ、さらに高度の情報勤務者教育を行う学生を丁種学生と称す

以上、学生の区分がこのように変更され、甲種学生は陸大の専科相当と見做《みな》すことになっていた。しかし、戦局の逼迫《ひっぱく》で情報将校の再教育までは手が回らず、甲種学生と丁種学生は制度だけで終わり卒業生はいなかった〉

中野学校の制度は、後方勤務要員養成所と呼ばれていた一期生の時代は入校者も少なく、「甲・乙・丙・戊」といった呼称をつけなくとも分かりやすかった。しかし、櫻が記しているように、大東亜戦争直前になると入校者も多くなり、陸士や予備士官学校出身者だけでは人材が不足してきたので、陸軍教導学校などの下士官養成校からもスカウトするようになった。

昭和十六年（一九四二）十月に中野学校は参謀本部の直轄学校となった。新制度での最初の乙種学生は「一乙」と呼ばれ、丙種学生は「三丙」、戊種学生は「三戊」と呼ばれた。乙と戊は不都合がなかったものの、丙すなわち幹候出身学生の場合は、すでに先に三期の学生が卒業しているので、本来は「四丙」と呼ぶべきところ、学校当局は養成所時代の卒業生である第一期は別格として、次の期別からは二期と卒業年次を数えた。したがって、「八丙」とは八回生ではなく、一期ずれて九回生の幹候出身将校学生ということになる。

三丙と三戊は開戦前の昭和十六年九月に入校しており、三丙の在校期間は十四カ月余と、教育期間の最も長い期であった。また、三丙からは長、短の区別がなくなり、学生が腰を落ち着けて修練ができた時期であった。

戦争中期の中野学校

昭和十七年（一九四二）六月のミッドウェイ海戦ならびに、同年八月に作戦が開始されたガダルカナル島戦を契機として、日米の戦線は攻守が入れ替わった。この戦局の変化に応じて、中野学校の教育も野戦的秘密戦の色彩を強めていった。では、その時期の中野学校の状況はいかなるものであったのか。以下は、櫻ノートの引用である。

〈中野学校は昭和二十年四月に遊撃戦教育の適地を求めて群馬県富岡町（現富岡市）に移転した。昭和十八年から十九年にかけて中野学校は本来の秘密戦要員の教育のほかに外地部隊のための「遊撃隊戦闘教令」の起草、ニューギニア、比島方面へ派遣する遊撃隊幹部要員の臨時教育。第一線司令部情報将校の臨時教育、国内遊撃戦の参考書作りと全校あげて尽瘁したのである。

さらに昭和十九年八月には静岡県磐田郡二俣町（現天竜市二俣）に「二俣分校」を開設し

て本格的な遊撃戦幹部要員の教育を開始している。同年九月から終戦時まで四期一千名余の見習士官を教育し、内七百余名の者が内地はもちろん南方各地、支那《しな》、台湾、朝鮮、沖縄などに配属されて遊撃戦に従事し、多数の青年がその任務に倒れた。またこの時期には中野学校を中心にして離島残置諜者網の敷設が研究、実施されたのである。

昭和二十年三月川俣校長が第五十八師団長に親補され、後任校長は三月に山本敏少将が第十三軍参謀長より転出。山本少将は光機関長あるいは南方軍遊撃隊参謀としてビルマ戦線で中野出身者を多数指揮した経験を有していた。

今や本土遊撃戦必至の秋《とき》に当たり、中野の教育の重点が国内遊撃戦に指向されたのは当然であり、そのため教育上都内では不便をきたすため、かつまた空襲から貴重な資料を守るためにも移転の必要に迫られ、数か所の候補地を検討した結果、大本営の松代移転の構想を考慮して、群馬県富岡町に白羽の矢を立てたのである。

幸い地元の全面的協力を得て、昭和二十年四月に県立富岡中学校（現富岡高校）を中心にして、一帯の公共施設、一之宮貫前《ぬきさき》神社敬神道場、沖電気工員寮などに移転したのである。移転後は現地の地形を利用して実戦的な遊撃戦教育を実施し、その過程で特種編成の泉部隊の訓練も実施した。

富岡移転から終戦までの四カ月という短い期間に、中野時代から教育を続けていた五乙、八丙、七戊の卒業生の大部分は本土決戦要員として全国の軍管区司令部に赴任し、その一部は九州周辺離島の残置諜者に投入された。

終戦時富岡に在学していた学生は九丙、十丙、八戊の三学生。また二俣分校は四期生であった。終戦に際して軍機保護のため関係書類は総《すべ》て焼却し、当日は各隊ごとに解散式を行い七年間存在した中野学校はここに終焉を迎えたのである。創設から終焉まで陸軍中野学校を卒業した学生は総数で二一三一名であった〉（カッコ内は引用者注）

櫻ノートに記された記録は、櫻の記憶から掘り起こされた中野学校の通史であった。前出の『陸軍中野学校』第五章にも「陸軍中野学校の変遷」として、その歴史が詳細に記述されている。だが、櫻ノートの記述は、卒業生が中野学校の歴史を世に問うために書き記した書き方ではなく、櫻一郎の世代そのままの文体で書かれている。

〝後方勤務要員養成所〟開設の経緯

昭和十一年（一九三六）九月、阿南惟幾兵務局長は田中新一兵務課長（日米開戦時の参謀本部第一部長）、岩畔豪雄課員（開戦前の陸軍省軍事課長）、福本亀治課員（のちの中野学校幹事）、秋草俊参本ロシア課員（のちの後方勤務要員養成所長）らを局長室に集めて、そこで、「我が国にも国際情勢に即応して『科学的防諜機関』を至急設立する必要があるので、極秘裏に防諜機関の設立を準備せよ」(『日本に於ける秘密戦機構の創設』福本亀治)との指示を出している。そして、岩畔と福本の二人が専任となり、設立の準備に入った。

二人は検討の結果、その拠点となる場所を牛込区戸山町にあった陸軍軍医学校の一画に決定した。場所の選定は秘匿性を求められており、その点で軍医学校は理想的な環境にあった。

「1. 病院には雑多な人間が出入りするので、機関員は怪しまれずに出入りできる。
2. 陸軍省に近い。
3. 外国公館からの電話の発受は牛込電話局を通しているので、引き込線を設置するのに地理的に便利」

などの理由から軍医学校の敷地が選定されて、「兵務局分室」として防諜業務を開始した。後にこの組織は、陸軍大臣直轄の軍事資料部の極秘機関となり、通称「ヤマ機関」として国内防諜の要《かなめ》になってゆく。

兵務局分室の活動が軌道に乗りはじめた翌年二月、再び秋草、岩畔、福本の三人が阿南兵務局長に呼び出されて、次の指示を受けたのである。

〈現在の国際情勢は益々緊迫を告げ、国際秘密戦対策は緊要となりつつあるので科学的防諜対策の外、秘密戦実行要員の養成が必要となってきた。科学的防諜機関（ヤマ機関）の運営は此《これ》を他に譲り（陸軍省軍事資料部）、秋草、岩畔、福本の三名が実行委員となって緊急に秘密戦実行要員養成機関の創設を検討せよ〉（前掲書、カッコ内は引用者注）

そして三人は、「後方勤務要員養成所設立委員」を命ぜられ、準備に入った。

昭和十三年（一九三八）一月、「後方勤務要員養成所令」が勅令によって発布され、七月に陸軍大臣直轄の「後方勤務要員養成所」が発足した。場所は先述したように、現在の千代田区役所と九段会館の間にあった「愛国婦人会本部別館」である。第一期生はこの別館で学び、中野の仮校舎で卒業すると、プロの情報工作員として満州、中国、中央アジア、そして南方へと派遣されていった。

後方勤務要員養成所は、このような経過を辿って開設された。ただ、三人のうち岩畔中佐だけは、兵務課から参謀本部第八課（通称・謀略課）専任になったため、学生の教育には直接タッチしなかった。

櫻は創成期にあたる後方勤務要員養成所時代の教育を「寺子屋式の人間教育」と記しているが、学生は実地教育を名目にバーや待合などにもよく出入りしていたようだ。その辺りの事情を一期生の阿部直義は手記に遺している。

〈バーへ遊びにいくと一回平均十円くらいであった。電車賃が七銭の頃十円で、給料は七十円八十銭だから七回も遊びに行くと煙草銭もなくなる。喫茶店に行くし、映画館へも行き、ビアホールにも行くので「バー」等へ何回も行けるわけがない。

しかし、私も、給料が入って十日も過ぎた頃、電車賃もなくて四キロほどあるいたことがある。金がなくても、寝るとこはあるし、食の心配もないので、お金をパッパと使っても平気でいられたのである〉

秋草所長はなんともユニークな実地教育を学生に施したものである。これは学生から軍人色を消すためだったそうだ。遊びの時はもちろん、背広に長髪姿であった。

また、手記には給料についても書かれている。学生とはいえ、一期生も軍人である。当然、俸給は陸軍省から支給されていたわけで、阿部は七十円八十銭をもらっていた。昭和十三年当時の高等試験に合格して役人になった大学卒の初任給が七十五円。それと比べても、阿部の俸給は決して低い額ではなかった。そのうえ衣食住は保証されていたので、独身学生は存分に遊びの実地教育を堪能したのではあるまいか。

不明者はどこへ行ったのか

櫻は中野学校の卒業者総数を「二一三一名」と書いている。また、校史編纂委員会が調査した教職者の数は総計で一三二名。つまり、中野学校が創設されてから解散するまでの七年間に、中野学校に関わった卒業生及び教職者の総数は二二六三名ということになる。

校史を頒布するために確認された生存者は一四五八名。戦後三十二年にして関係者の約六五パーセントにもおよぶ生存情報を調査できたのは、中野学校卒業生の情報ネットワークが戦後も確立していたことの証左ではあるまいか。戦後も連綿と続いている、恐るべき陸軍中野学校の団結力である。

石川と同期の福嶋治平は櫻一郎を次のように評している。

「長く校友会長もやっておられたので、中野の戦後史についても詳しく、会員の動向も把握されている方です」

会員の動向といえば、校史を頒布する際に集計した生存者は一四五八名であったが、調査表には戦死者二八九名、そして不明者三七六名と記されている。戦死者は遺族からの連絡、あるいは同僚や部下の報告で確認できた数であろうが、「不明者」とは一体どんな経歴の持ち主なのか。

「戦死者は、校友会のネットワークで確認できました。不明者についても、調査表をつくった後に本人からの連絡などで相当数の方が生存していることが分かりました。しかし、不明者が今日に至るも存在していることは確かで、残念ながらその実数はまったく分からないのです」

櫻は戦後六十年を迎える今日でも、中野学校卒業生のなかに不明者がいることを認めている。しかし、それは当然のことであろう。「秘密戦士」と称された卒業生たちは、名を変え、身分を変えて戦地に潜入し、情報活動を行っていた諜報員である。戦後も派遣先の土地で現地人として生涯を終えた戦士もいるだろう。

あるいは、戦後もルバング島で「残置諜者」として、一人の戦争を戦ってきた二俣分校一期生の小野田寛郎元少尉のような人物もいた。不明者のなかには戦後、名を変え別人として生きてきた卒業生がいたとしても何ら不思議ではあるまい。

終戦前後の動き

櫻の記録にもあるように、陸軍中野学校は〝Ｕｎｓｅｅｎ Ｗａｒ（見えない戦争）〟を戦う秘密戦士を養成するために、七年間存在した日本陸軍唯一の特殊学校であった。

その〝戦果〟については戦後、関係者が断片的ではあるが手記や校友会誌に、あるいは小説の形式で発表してきた。また、校史にも若干ではあるが、終戦前後の中野学校の組織的な活動についての記述がある。

例えば一期生の四人が、陸軍次官秘書官だった中佐が計画した「皇統護持工作」に参加している。これは、終戦で天皇家の直系が絶えた場合を想定して、北白川宮家の若宮道久王を東京から脱出させて新潟方面の山中に隠蔽《いんぺい》する計画であった。一期生たちはアジト探しで各方面に行動を起こしたが、結局、この工作は陽の目を見なかった。

また、天皇の玉音放送を阻止する「玉音録音盤奪取工作」も存在した。これは、映画『日本の一番長い日』などで紹介されている宮城占拠事件と連動しており、尉官クラスの中野出身者が単独で計画した。ＮＨＫ愛宕《あたご》山放送局を爆破して、玉音盤を奪取する計画であったが、録音が複数箇所で行われるという情報が事前に流れたため、工作は中止された。

こうした謀略・諜報工作で、一部の関係者ではあったが、諜報員たちは隠密裏に活動していた。

これらの工作活動には、中野学校で徹底的に叩《たた》き込まれた実戦教育が役に立った。中野学校での実戦カリキュラムは、「潜入、潜行、偵察、候察、偽騙《ぎへん》、謀略、宣伝、破壊、通信、暗号」などの訓練であった。それと、中野学校ならではの特殊な教育として、一般教養基礎学と専門教育の座学が充実していた。

学校のモットー「謀略は誠なり」を実行するための「無私」と「誠」の精神を国体学と思想学で徹底的に教育され、外にも心理学や統計学を学んでいる。また、兵器学や築城学、航空学、それに自動車、戦車、航空機の操縦法や長短波無線の操作まで学んでいた。

さらに、諜報員として外国事情を知ることは必須になっていて、米国、英国、ソ連、中国、ドイツ、イタリア、フランス、東南アジアなど広範囲にわたる地域の文化や民情、歴史を学んでいる。当然、派遣先の国の言葉として、英語、ロシア語、中国語、マレー語、ペルシャ語などが教えられていた。

また、語学のなかでは英語が必須科目で、中国語またはロシア語から一科目を選択することになっていた。なかでも英語教育には力が入れられており、学生全員に英文の日記を書いて提出することが義務づけられていた。ちなみに中国語の教材には当時市販されていた『急就篇』が用いられていた。

専門学科では、諜報員に必要な秘密通信法、防諜技術、暗号解読、武器の取扱い、射撃などを学んでいた。なかでもユニークなカリキュラムとしては、忍法研究家による忍術講座や警察教官による犯罪学や法医学の講座までも用意されていたという。

術科では柔剣道や合気道はもちろんのこと、諜報技術の一環として、ヨード法や赤外線還元法による文書の作成、超小型カメラによる盗写技術、あるいは郵便物の開緘《かいかん》法、開錠術、変装術なども映画撮影所で役者から直接学んでいた。これらの諜略・諜報器材は陸軍登戸研究所で試作、開発されていた（拙著『諜略戦　陸軍登戸研究所』〈学研M文庫〉参照）。

第二章　知られざる中野学校秘話

神戸事件と伊藤少佐

諜報員にとって破壊工作は重要な任務の一つで、陸軍中野学校では、敵地の工場や発電所、ダムなどに潜入して爆薬を仕掛けて破壊する破壊演習なども実際に行われていた。

次に紹介するのは、未遂に終わったが、神戸の英国総領事館を襲撃する計画の全貌《ぜんぼう》である。この事件は、中野学校の卒業生でもほんの一部しか知らない極秘の計画であった。

今回、私は取材の過程で事件の全貌を記した手記を入手した。この手記を遺《のこ》したのは第一期生の井崎喜代太で、「神戸事件」として聞き書きのスタイルで書いていた。事件に関わる重要な部分を紹介しておく。六十五年前の事件は、いかなる結末を迎えたのか……。

「神戸事件」と称される事件が憲兵隊に未然に発覚したのは、昭和十五年（一九四〇）一月四日であった。事件の首謀者は当時、中野学校の教育主任を務めていた伊藤佐又少佐（陸士三十七期）だ。

彼はかねてからの反英、反ユダヤ思想の持ち主で、当時の国家機密であった五相会議（昭和八年十月に五回、首相、外相、陸相、海相、蔵相が集まって日本の基本国策と軍拡に関する問題を討議した会議）の内容がイギリスに漏れていると確信し、その情報ソースが、なぜか東京から離れた神戸英国総領事館にあると信じていた。

伊藤少佐は、中野を卒業して間もない一期生三名（中尉）と在学中の二期生五名（少尉）、それに一期生の下士官学生四名の総員一二名を選抜して、総領事館を襲撃する計画を立てていた。

だが、その計画について「聞き書き」は、このように断じている。


〈伊藤少佐の厳な秘密保持と巧妙な兵力の分断使用で、参加者で計画の全貌を把握したものがない。全く指揮、計画者である伊藤少佐の胸三寸に発する独断的発想に基づく独り舞台に終始していることが、本件に於《お》ける非常な特徴である。どう見ても、目的達成を強く確信する万全の計画に基づく乾坤一擲《けんこんいってき》の挙ではなかったと判断せざるを得ない〉


では、このように独断的発想を以《もっ》て英国総領事館襲撃計画を立てた伊藤少佐とは、いかなる人物なのか。

彼は先述したように反英、反ユダヤ主義者で、イギリスに対して実力行使に出たのは、実は神戸事件以前にも例があった。それは、一期生と共に満州へ戦術旅行に出かけたときに、天津《てんしん》近郊で起こした事件であった。戦術旅行は昭和十四年（一九三九）七月から八月にかけて実施されたが、奉天（現遼寧《りょうねい》省瀋陽《しんよう》）で現地解散になった。

伊藤はその後、単独で河北省一帯を廻《まわ》り、当時の北支那方面軍の特務機関（機関長・茂川中佐・陸士三十期）の協力を得て地元の日本人民間有志を動員し、イギリスが権益を持っていた開欒炭鉱（天津の北東に位置する粘結炭の炭鉱）の襲撃を企てた。しかし、この事件も未遂に終わった。この未遂事件はその後、茂川中佐の奔走もあって北支那方面軍憲兵隊の協力のもと内々に処理され、表面化することはなかった。

伊藤が起こしたこの未遂事件について、井崎は上海に出張したおりに、事件に参加した民間人から情報を得ていた。そして、この民間人から神戸事件の背景も聞かされていた。

〈彼中村武彦に拠《よ》れば、伊藤が神戸総領事館から獲得した証拠書類を中村が東京へ運び、彼の親分（彼らの愛国運動の指導者）天野辰夫氏に渡し、天野氏は此《これ》を近衛文麿公に届け、近衛公は参内して天皇陛下に上奏、天皇の御意によって政治一新を図るという計画であったという。

天野氏は東京帝大時代からの上杉慎吉門下で、早くより愛国運動の理論的指導者の一人として高名、昭和八年七月の神兵隊事件に於てはその最高指導者となった。中村武彦は国学院大学予科在学中に事件に参加、その後天野氏に最も近い立場にあった。私とは大学入学当時から同じ松永材教授門下として親しい同志的間柄であった〉

伊藤少佐は愛国運動家らとも親交があり、神戸事件の背後には右翼との連携があったようだ。神戸事件の背後に愛国運動団体が存在していたことは、この聞き書きで初めて明かされる事実である。

神戸事件と中野学校

では、神戸事件は具体的にどのように計画されたものなのか。井崎は、同期の牧沢義夫中尉から次のような証言を得ていた。

〈実際行動についてやや細かく聞くことができた。彼（牧沢）によれば、参加者たちが畝傍《うねび》御陵を拝して連判状に署名したが、伊藤少佐は実施計画については幹部と目される一期生達にさえ謀る《ママ》こともなく、武器の入手は、参加部隊はと質問されても明確性に欠け、終始曖昧《あいまい》のまま押し通した模様である。姫路師団の一カ大隊が出動、実力を以て総領事館を包囲制圧する計画とか、東京組の武器は神戸高等商船学校の兵器庫から奪うとか打ち明けられたと云う〉

牧沢の証言によれば、伊藤少佐は襲撃計画で最も重要な部隊の動員と兵器の調達については曖昧な答えしかしなかったという。牧沢にしてみれば、上官とはいえ一少佐の計画で「兵が動く」などとは、信じられなかったのであろう。重大な軍規違反である。

姫路師団（第十師団）の一個大隊の動員に関しては、後日、上海の支那総領事館に勤務していた二期生の若菜二郎が井崎に、こう語っている。

〈伊藤さんは、これからかねて自分の理解者である姫路第十師団長の佐々木到一中将を説得して、師団の兵力を動員して貰《もら》うと云って出かけた〉

伊藤少佐は自分を理解している姫路師団長を説得すると若菜に語ったというが、師団長の佐々木到一は伊藤よりも四階級も上の将官である。そのうえ、伊藤とは軍の組織や命令系統も異なり、上官と部下の関係でもない。二人の接点といえば、前述の開欒炭鉱爆破未遂事件で、当時北支那方面軍憲兵司令官の職にあった佐々木に、事件を内々に処理してもらったことだけである。

その恩義ある佐々木中将に、私的に「兵を動かす」という叛乱《はんらん》罪にも等しい決起行動を相談したとは、私にはとても思えないのだが……。万に一つその事実があったとしても、憲兵司令官の職にあった佐々木は伊藤を叱咤《しった》して、計画の中止を迫ったのではないか。伊藤の計画が事前に憲兵隊に洩《も》れていたのも、案外、佐々木の線からではなかったのかと想像する。

井崎はこの未遂事件について、次のような結論を出していた。

〈1　神戸事件は伊藤少佐の独断独走の独り舞台に終始している。
2　従って本件は瞭《あき》らかに共同謀議に拠るものではない。
3　参加者全員が計画の全貌について告知されていない。
4　殊に入校したばかりの学生はただ上司教官の指示に従って参加したに過ぎない〉

さらに井崎は、この事件で処分された中野関係者の顚末《てんまつ》をも、調査して記録していた。

〈1　本件は極秘に扱われて未公表に終わる。
2　一行は先《ま》ず神戸憲兵隊に逮捕され、東京憲兵隊に護送取り調べ。
3　伊藤少佐と幹部と目される一期生三名は東京衛戍《えいじゅ》刑務所（代々木）に拘置、約三カ月法務部の取り調べも受けたが全員不起訴。
4　学生（将校、下士官）は復学。

5　牧沢は参本に復した後、コロンビア公使館勤務（書記生）に転出。十七年八月、交換船で帰国。再び欧米課勤務。亀山は中野学校付（二期生係長）から参本勤務を経てアフガニスタン公使館、外務省に転出。丸崎は同じく学校付（一期下士官学生係長）から参本勤務を経てジャバ《ママ》へ。

6　伊藤少佐は五月待命、その直後に予備役編入。

7　後方勤務要員養成所所長秋草俊大佐は監督の責任を負って三月在ベルリン星機関長（満州国公使館理事官《ママ》兼ワルシャワ総領事）に転出。幹事役の福本亀治中佐はそのまま勤務となった〉

この事件で、後方勤務要員養成所三役の秋草、福本、伊藤のうち一挙に二名を失う結果となったが、右のように伊藤少佐の予備役編入を除き、全て処罰的人事異動だけという穏便な処置で収拾された。この処置の背後には、省部の特別の配慮が働いたものと思われる。この時期、養成所はなお陸軍省の管轄下にあったが、参謀本部も動いていた。殊に第八課がその衝に当たり、泰正宣大尉が東奔西走していた。

事件の処理は学校の将来や対英関係など、極めて高度の判断に基づくものだったであろうことは、推察に難くない。もしも本事件が共同謀議によって綿密な計画の下に遂行され、襲撃が成功していたならば、その影響の及ぶところは甚だ大であったろう。

いま明らかにされる真相

しかし、最終目的とする国家革新は期待のようには進展しなかった。緊迫した国際情勢下、いよいよ激化する世界列強の展開する秘密戦に、遅ればせながら参入を試み、ようやく緒についたばかりの日本陸軍の秘密戦士養成、外に向けるべき秘密の兵力を内に向けて使用するなど、伊藤佐又少佐の行動は一個人による〝統帥権干犯〟という重大犯罪ではなかったのか。

この聞き書きを遺した井崎は神戸事件には直接参加していないが、陸軍中野学校の存亡を問われた〝大事件〟を、戦後になってこつこつと調べていた。それは、本人が襲撃事件のメンバーとして連判状に名を連ねていたという誤解を解くためだった。

神戸事件の真相が明かされるのは、これが初めてであろう。また、井崎が戦後の自衛隊クーデター未遂事件の計画を練ったといわれる「三無事件」に関係する自衛官と親しくしていたとは、意外な人間関係を垣間《かいま》見た思いであった。彼は国学院大学予科から騎兵学校に進み、推薦で中野学校に入学していた。

なお、文中に登場する牧沢義夫は井崎と同期の一期生で、私は『昭和史発掘　開戦通告はなぜ遅れたか』（新潮新書）のなかで書いた元三井物産社員の春見二三男について聞くために、彼を取材していた。彼は台湾軍参謀部情報班長時代に春見一等兵を部下として使っていたが、終戦直前に捕虜になった米軍パイロットを春見に命じて虐待したという罪で、台湾軍の軍法会議に付され有罪判決を受けていた。のちに、その審判判決が牧沢の運命を大きく変えることになる。

聞き書きの内容から判断すると、英国総領事館襲撃未遂事件における伊藤少佐の行動は、綿密な計画のもとに実行されたものではなく、個人的判断によって〝兵を私物化〟した軽挙妄動と批判されてもいたしかたない。伊藤少佐の計画は、井崎も指摘しているように、二・二六事件での叛乱軍将校らの決起に通じるものがあったようだ。また、伊藤少佐の行動は事前に憲兵隊に把握されていたというから、未遂に終わったのは当然の結末であった。

憲兵隊といえば、当時、東京憲兵隊特高課長の職にあった大谷敬二郎中佐が戦後著した『昭和憲兵史』のなかで、この神戸事件にふれている。

〈大阪憲兵隊の事件調書を見ると、ただ名前が書いてあるだけである。被疑者たちは、完全に黙秘戦術に出て、この事件については一言も述べていなかった。もともとこの事件は東京憲兵としては全く視察外におこったものであるから、事件の全貌については何もわかっていない。僅《わず》かに神戸分隊が逮捕した前後のことはわかっているが、どんなたくらみで、どんな行動に出たのか、伊藤少佐については全く見当もつかなかった。その上秋草学校といえば、中野学校の前身で、スパイ養成の学校。だからこのような逮捕された場合の対抗処置まで、十分な訓練を受けているので、一層始末が悪い。とにかくこの捜査はむずかしいものだった〉

一期生の手紙

先に紹介した聞き書きを遺した井崎は一期生で、平成十一年（一九九九）八月に他界している。中野学校の卒業生、特に一期から五期までの卒業生で、現役時代の体験や戦後の生き方について語る人物はほとんどいない。年齢も八十五歳を超えており、数年すれば鬼籍に入るだろう。私が取材を続けている最中にも、二人の卒業生の訃報に接していた。一人は平成十六年（二〇〇四）四月に亡くなった八丙の望月一郎。もう一人は石川と同期の牛窪晃で、十月に心臓発作で急逝している。

高齢者といえば、牧沢と同じ一期生に猪俣甚弥がいる。彼は九十二歳、会津で療養生活を送っていた。何度か取材を申し込んだのだが、体調がすぐれず質問に答えることができない、と中野校友会東北支部事務局長の後輩で俣四出身の高橋重夫を通じて、丁重な断りの返事が届いた。

同封された書面には、中野学校創設者の一人である秋草俊少将の素顔が書かれていた。卒業生の中でも、秋草のことを知る教え子はほとんど鬼籍に入ってしまっている。

そこで、まず猪俣の書簡から、秋草が構想していた情報活動の要諦《ようてい》を探ってみることにする。

〈中野学校卒業生の一期、二期が少佐に進級して中堅将校の末席に座るまでに成長し、それぞれの責任ポストに就いて、後輩たちがその下支えとして実務の戦列に加わり、作戦軍の一翼として組織化され始める時が来たら、技術兵科（兵技）や医療兵科（軍医、衛生兵、看護兵）と同じように情報部門を、独立した専門職種の兵科として育て、平戦両時にわたる情報戦に即応する体制を一日も早く整備すること。

電撃戦と称される戦車、航空機の大軍を投じた開戦劈頭《へきとう》の大攻勢で、一週間か十日で勝敗を決める現在の形は、近い将来必ず一撃戦の形にまで発展し、一日で戦争の帰趨《きすう》を決するまでになるだろうから、防衛のための先制攻撃発動の時期を決めることの重要さは、国の存亡に関わる重大事で、このための情報活動は、戦車や航空機の近代化を図る以上に大事なことになってくる。

要するに「やられたら、やり返す」という理屈は机上論であって「やられた」時は「やり返す」だけの戦力も体力も消えているかも知れないのが一撃戦の恐ろしさで、そのためには情報機構の近代化は絶対に国防の急務であること。だからこそ、情報組織の芯《しん》として情報兵科を創設すべきというわけです。

然《しか》しこの論は、これに同意する政治家は今でさえいないでしょうから、あの時代ならなおさらのことで、この種の話は、中野学校を創る以上に難しい話であることを秋草さんは知っていました。それで先ず人を作り、実績を重ねることが先決として、陸軍中野学校の学生を育てることに、情熱を尽くされたのです〉

猪俣が評する秋草の情報活動とは、兵科のなかに独立した情報専門職種をつくって、戦時、平時も変わりなく情報を収集するシステムを構築することであった。そのためには人材養成が急務だと語ったという。だが、秋草の考えていた情報専門職が兵科として陸軍の組織のなかに設置されることはなかった。

「十年早ければ……」

猪俣は、同期生の経歴と自らの履歴を次のように書いている。

〈ようやく終戦の年になって一期の丸崎義男少佐が朝鮮軍の情報参謀として赴任し、同期の牧沢義夫少佐が台湾軍の情報参謀要員として赴任しました。そして私は「関東軍情報部参謀として猪俣を寄越せと秋草さんが言ってきたぞ」という参謀本部第五課長の白木大佐の言葉で、その積もりでいたところ、突然陸軍省の軍務課に転じて井崎少佐の後任として国民義勇隊関係業務を担当することになりました。たぶんこの人事は私の関東軍情報部時代の遊撃戦歴が買われたものと思慮しています。

　秋草さんが私を寄越せと白木さんに言ってきたのも、おそらくはこの遊撃戦歴を評価したのかも知れません。また、本土決戦時における遊撃戦展開に必要な小火器の造成に関する意見書を、兵器行政本部の総務部長伊藤少将に提出したことも影響があったのかも知れません。とにかくこうして秋草さんが待っていた一期の情報参謀が誕生し始めたのです〉

　猪俣も前出の聞き書きを残した井崎と同じように騎兵学校の出身で、後方勤務要員養成所時代は井崎や牧沢たちと一緒に机を並べて学び、一つ釜《かま》の飯を食べた仲間であった。また猪俣は、秋草が養成所の卒業生等が参加した神戸事件の責任をとらされて昭和十五年（一九四〇）三月にベルリンの満州国公使館理事官兼ワルシャワ総領事に赴任した後に、現地公館で秋草から食事を接待されたという。食後の雑談の時、秋草が「中野学校が十年早くできていたら、戦争は起きなかっただろう」と独白したことを覚えていた。

当時、猪俣は関東軍参謀部の中尉だった。参謀総長室で直接総長から訓令を受け、外交官の資格でソ連を囲むヨーロッパの各国に出かけることになった。「ドイツの英本土上陸作戦実施時期判断資料の収集」という任務のもと、ソ連からフィンランドを経てドイツに入った。秋草の公館で風呂《ふろ》に入り、夕食後の雑談にこの言葉が飛び出したという。

しかし、それから後、猪俣は秋草と会うことはなかった。では、秋草はベルリンでどんな任務に就いていたのか。三年間をベルリンで過ごした秋草は、滞在中に「星機関」という情報ネットワークを構築したといわれているが、その組織の全容は今日に至るも全く謎に包まれたままである。

ベルリンでの任務を終えると、満州の東端に位置する虎頭の関東軍第四国境守備隊の隊長に転任、そこで二年余り過ごしている間に少将に進級した。次の任地は、かつて勤務していたハルビン特務機関が改称された関東軍情報部で、そこのトップに着任する。昭和二十年（一九四五）二月のことで、極東ソ連軍がソ満国境を越えて侵入してくる六カ月前であった。

極東ソ連軍は八月十八日にはハルビン市内を制圧。秋草は、まっ先に情報本部の庁舎で身柄を拘束され、飛行機でモスクワに護送されていった。その後の秋草の消息は獄死とか病死と伝えられているが、日本人で秋草の最期の姿を見たものは誰もいない。ちなみに秋草の死亡宣告は遺族の手によって出され、昭和五十二年（一九七七）に確定している（校史『陸軍中野学校』

の記述によれば、昭和二十四年三月二十二日、モスクワ郊外のウラジミール監獄病院において死亡したとされる)。

刑死した卒業生

ところで、前出の櫻一郎は一期卒業生を一九名と記録しているが、卒業後の彼らの任地は多岐に亘《わた》っていた。

井崎喜代太＝中国、牧沢義夫＝コロンビア、猪俣甚弥＝満州、亀山六蔵＝アフガニスタン、丸崎義男＝中野学校、阿部直義＝インド、扇貞雄＝南方、日下部一郎＝中国、越巻勝治＝中国、境勇＝中野学校、須賀通夫＝兵務局、杉本美義＝兵務局、山本政義＝中野学校、渡辺辰伊＝ソ連、新穂智＝インドネシア、岡本道雄＝参謀本部第八課、真井一郎＝蒙古、宮川正文＝ドイツ(残り一名は在学中に発病したため退学)。

このなかで新穂智は、中野学校の卒業生で戦犯として刑死した複数名のうちの一人であった。彼は最終任地の西部ニューギニア・ホーランジャ(現インドネシア・イリアンジャヤ州ジャヤプラ)で昭和二十三年(一九四八)十二月八日午前八時に、オランダ軍に処刑された。銃殺刑であった。享年三十三。十二月八日は開戦の日である。オランダ軍は敢《あ》えてこの日を〝復讐《ふくしゅう》の日〟として選んで刑を執行したのではあるまいか。

新穂智とはいかなる経歴の持ち主なのか。私は留魂碑二十三年祭に出席した折り、新穂の遺族が毎年、留魂碑にお詣《まい》りに来ていることを卒業生から聞いていた。遺族とは誰なのか。会ってその遺族から詳しい話を聞いてみたいと思っていたが、その機会は意外と早く訪れた。遺族の連絡先を調べてくれたのは、福岡市に住む福嶋治平であった。その遺族とは、末弟の新穂士朗で七十四歳になっていた。

一期生たち（後列左から二人目・境勇、三人目・牧沢義夫、右端・山本政義）

新穂は石川の住む隣町に住んでいた。私は石川に連絡をとって、同行してもらう約束を取り付けた。石川の案内で新穂の会社を訪ねたのは、紅葉が一段と映える十一月も終わりの休日であった。初対面の新穂は休日にも拘《かかわ》らず、会社の応接室で私たち二人を待っていてくれた。

新穂は兄の死の状況を詳しく調べていた。「兄がどんな状況下で刑死したのかどうしても知りたかったんです」と、調査の動機を語る。士朗の話によると、新穂家は鹿児島出身で、智は八人弟妹の長男として出生した。地元の鹿児島中学（旧制）を卒業すると満州に渡り、満

陸軍兵器本廠附
陸軍省兵務局兼勤附
陸軍歩兵少尉　新穂　智

社團法人　同盟通信社
新穂　智
東京市京橋區銀座西七ノ一
電話銀座(57)代表二一二一番

新穂智が使っていた二種類の名刺

鉄に勤務した。満州で現役入隊したのちに、台湾に渡った。

　中野学校に入校したのは他の一八名と同じ昭和十三年（一九三八）であった。卒業後の初任地は参謀本部第六課で、その後スマトラのパレンバンとジャンビの石油事情調査を命ぜられ、同盟通信記者の名刺をもって現地入りした。

　開戦後、陸軍落下傘部隊が奇襲作戦を成功させ、パレンバンの石油基地を強襲占領できたのは、新穂らの事前調査が正確だったためといわれている。新穂大尉が運命の地、西部ニューギニアに転任したのは昭和十八年（一九四三）十一月で、第二軍司令部（軍司令官・豊島房太郎中将）で特殊工作班の神機関の機関長に就任した。当時、第二軍情報班には神機関のほかに「虎」「鰐」「龍」などの名を冠せられた工作班が六班、組織されており、中野学校卒業生は将校、下士官を含めて四〇名余りが派遣されていた。新穂は、次のような言葉で部下を督励したという。

〈お前たちは死んでも靖国神社へはやらない。（略）しかし、神機関は普通の部隊とは違う。決して死んではならん。どんな時でも絶対に生きて帰れ、お前たちが生きて帰ってこそ、情報を得ることが出来るのだ。それがわれわれの使命なのだ、ということをよく肝に銘じておけ〉（深津信義談）

「生きて帰れ」とは、中野出身の情報将校の言葉として至極当然であった。だが、督励を受けた部下たちは、目を白黒させたに違いない。

神機関が解散する終戦直前に少佐に進級した新穂は、現地ホーランジャで臨時憲兵隊長に就いた。専ら司令部と日本軍連絡事務所との間の業務連絡が仕事だった。

ところが終戦翌年の六月、オランダ軍に抑留されていた新穂少佐は突然、逮捕された。神機関で衛生軍曹として勤務していた前出の深津は『鉄砲を一発も撃たなかったおじいさんのニューギニア戦記』のなかで、新穂少佐の逮捕理由を書いている。

宮城前広場に立つ新穂智

〈新穂機関長が連行されたのは、もちろん米軍飛行兵殺害についての問題である。だが、実際に手を下したのは山根雇員、命令を下したのは渡辺中尉だ。それも最後の大ジャングルに踏み込む前夜、足が弱った米兵が我々と一緒に歩けないので止むなく処刑したのだが、機関長として、処刑した者を罰しなかったということの責任を問われたらしい〉

また、中野学校出身の直井清之（三戊）は最後まで新穂の側にいた部下で、その人柄を東海支部会報に書いていた。

〈お前たちは事実を其《そ》の儘《まま》陳《の》べよ。心配しなくてよい最後は俺が全責任を負って出るからといつも言って居られました〉

深津にしろ直井にしろ新穂智を身近に知る部下たちは、剛胆で繊細、部下思いの人情家であった新穂に絶大の信頼をおいていた。だが、オランダ軍の軍事法廷は事実関係を精査することもなく、簡単な裁判で新穂少佐に死刑を言い渡した。まさしく報復裁判であった。新穂の遺骨は戻ってこなかった。

彼は処刑の前夜、遺言の吟を遺していた。

〈かくなればとつ国人にしめすまで／すめら武士美しき死を／
天地のいかなる神に祈らずや／すめら御国の遠久に栄えむ〉

実は新穂少佐には後日談があった。新穂を含む一期生が卒業した後に家族が招待されて、ある小宴が開かれた。招待したのは当時の参謀総長閑院宮載仁《かんいんのみやことひと》殿下で、宴の前に殿下は家族に対して「息子さんたちの命を預けてほしい」とのお言葉を述べられたという。この秘話を語ってくれたのは士朗で、自宅にはそのとき殿下から家族全員に配られた木盃《もくはい》が保存してあるという。

中野学校の終焉

中野学校の終焉《しゅうえん》について、校史の『陸軍中野学校』は、いたって簡単な記述で記録している。

〈八月十五日玉音放送に引き続き、職員学生は校庭に集合し、校長より終戦に関する詔勅の伝達を受けた。楠公社は校長の手で火が点ぜられ、中野学校の象徴として、心の支えとなった神社も焼失し、中野学校もその姿を消したのである。

学生は八月十五日より十六日に亘《わた》り一斉に帰郷した。（中略）重要書類、秘密兵器、通信器材等の焼却廃棄は八月十四日より開始された〉

この情景は疎開先の富岡校の様子を記したものだが、当時、富岡校でゲリラ戦の教官を務めていた三丙卒の小俣洋三は、終戦時の体験を次のように書いている。

〈八月十五日、当時小生は学生隊副官及び「泉工作」班の教官及び遊撃戦の指導に当たっていました。当日は週番士官を命ぜられ、先輩に今夕トラック二台及び軽機関銃二丁の準備を命ぜられましたが、使用目的は薄々感じていました。玉音放送を聞く前に学生数を確認。内訳は戊種学生三百名前後、丙種学生は九期と十期で約二百名前後。外に泉工作班要員が約百

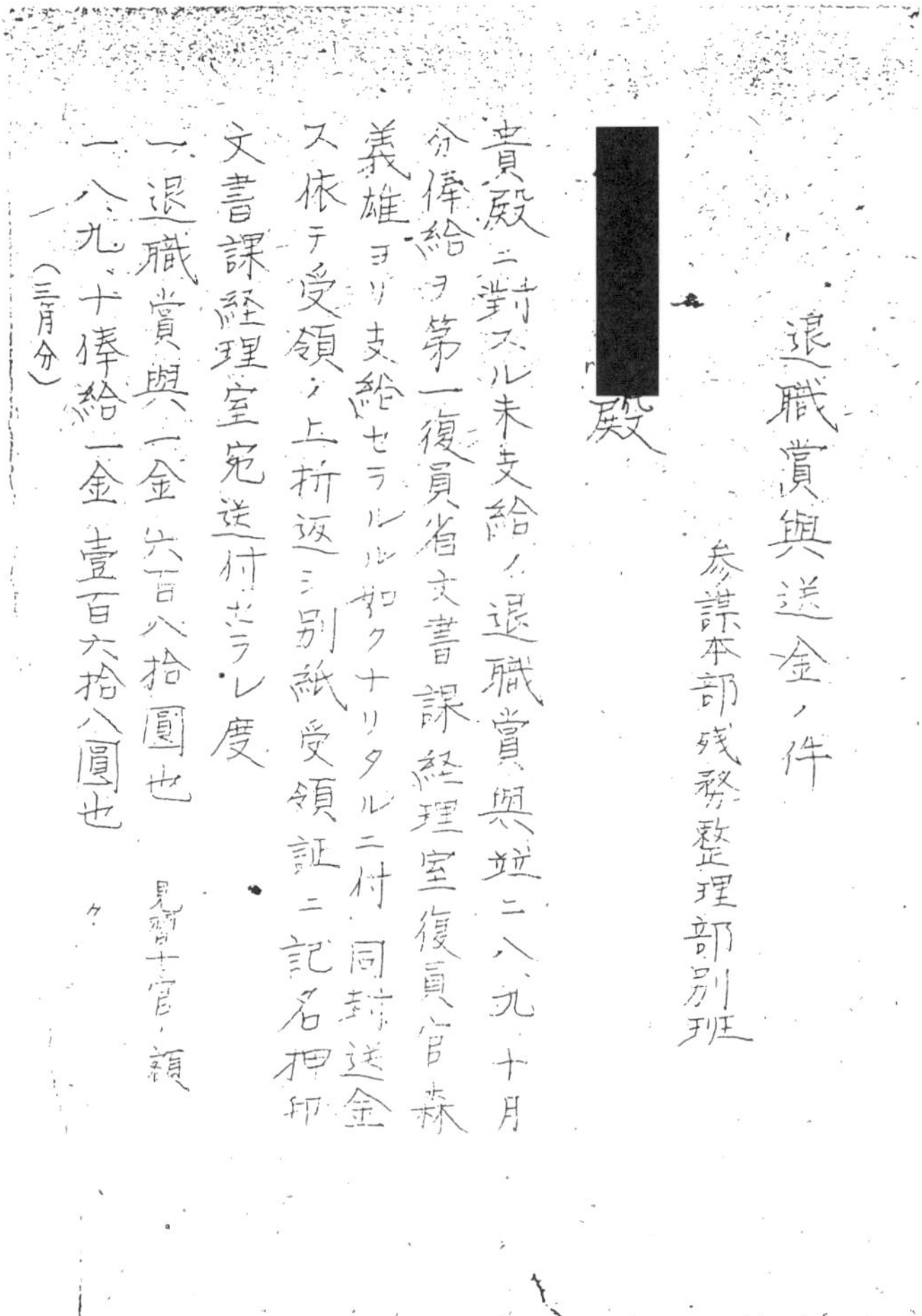

退職賞與送金ノ件

参謀本部残務整理部別班

[redacted]殿

貴殿ニ對スル未支給ノ退職賞與並ニ八、九、十月分俸給ヲ第一復員省文書課經理室復員官森義雄ヨリ支給セラルル如クナリタルニ付同封送金ス依テ受領ノ上折返シ別紙受領證ニ記名押印文書課經理室宛送付セラレ度

一、退職賞與ノ一金 六百八拾圓也　見習士官ノ額

一、八、九、十俸給一金 壹百六拾八圓也 (三月分)　〃

九丙の卒業生に送られてきた退職金の通知

名いて総勢六百名前後の学生に、旅費については遠近を問わず一人一律一万円を百円札で渡し、外に軍足二足、米四キロを糧食班に命じて準備させ、放送の終わるのを待ちました。

そして中野学校の痕跡《こんせき》を残さぬように秘密書類は完全に焼却し、武器等は校庭の隅の方に埋めました。十八日までは黒煙が校庭をおおっていました。

十八日夜七時ごろ、残り火を消し真暗の校内外を点検したときには、もう誰もおらず小生一人見回り、これで中野学校の歴史が閉ざされたかと、断腸の思いがこみあげ涙が止まりませんでした〉（「俣四会報」第七号より抜粋）

校史には記述されていない終焉の様子が小俣の記憶でリアルに再現された。とくに学生たちに支給された金品の数々。小俣の証言によれば、学校には現金が当時の金で六百万円も保管されていた。おそらく総額はこの金額を上回っただろう。ちなみに当時、配給米が十キロで六円だったから、今日の米価に換算して約八百倍。旧円で六百万円ということは、現在の四十八億円という計算になる。

小俣の証言記録にあるように中野学校では終戦時に在校生に対して、一律一万円を支給している。一方、見習士官扱いの九丙学生にも退職賞与金十二カ月分と給与三カ月分の合計八百四十八円が後日、参謀本部別班から支給されていた。九丙学生に支給されていたということは当然、見習士官以上の身分を持つ高等官の教官、上級学生にも支給されていたと考えるのが自然であろう。

当時、富岡校に在籍していた教官、学生の数は六七三名。仮に九丙学生の支給額で計算してもその総額は五十七万七百四円で、前出の計算式をあてはめると、今日の貨幣価値で四億円を超える。参謀本部による中野学校の扱いが破格であったことがうかがえる。これも、中野学校の戦後の使い方を見越しての軍資金の支給であったのではあるまいか。

ちなみに山本敏校長の階級は陸軍少将で高等官二等。昭和二十年（一九四五）当時の高等官等俸給令によれば、少将の年俸は五千円。九丙の事例をあてはめて単純計算しても、三カ月分の給与が千二百五十円、賞与は五千円で合計六千二百五十円が支給された勘定になる。高等官六等の大尉の年俸は千九百円なので、給与は四百七十五円、賞与は千九百円で合計二千三百七十五円が支給されたわけである。反面、小額を受け取った人物は次のように証言している。彼の名は松沢賢二。名古屋に住む石川と同期の九丙であった。

「秘密資金として百円札を一枚渡されました。二十年の秋だったと記憶していますが参謀本部から『GHQが中野学校の資金ルートを調査しているので返却されたし』という通知が信州の実家に届いたので、実家に戻っていた私は指定された経理部別班に送金したんです」

松沢は参本から連絡が来たのは、終戦の秋であったと証言している。GHQは終戦四カ月後にはすでに陸軍中野学校の情報を摑んでいた。調査に積極的に動いていたのはＣＩＳ（民間諜報局）であった。
一方、二俣分校の状況はといえば、
〈八月十五日教官は一部を残し、本校所在の富岡に集合し、河辺参謀次長から解散の命を受けて帰校したが、四期生は徹底抗戦を主張して一歩も譲らず、一時は憂慮された。しかし、戸崎所長の訓辞に従い、全員軍曹に降等の上各々原隊に復員していった。また本校からの指令で火薬、教育資材が焼却廃棄された〉（前掲書より抜粋）
学生のほとんどは二俣分校で天皇の玉音放送を聞いたのち、上官の命令で重要書類の処分に取りかかった。しかし、最後の学生である十代の四期生たちは徹底抗戦を主張していたという。果たして彼らは所長の説得だけで矛を納めたのだろうか。
八十四歳になる小俣の戦後史については章を変えて後述するが、中野学校の戦後にはまだまだドラスティックな動きがあった。それと、戦後史も……。

第三章　〝戦犯〟となった卒業生とＧＨＱ潜入工作

中野学校一期生

陸軍中野学校一期卒業生は、阿部直義、井崎喜代太、猪俣甚弥、扇貞雄、亀山六蔵、日下部一郎、越巻勝治、境勇、牧沢義夫、丸崎義男、山本政義、渡辺辰伊、新穂智、岡本道雄、真井一郎、宮川正文、須賀通夫、杉本美義の一八名である。そのうち平成十六年（二〇〇四）十一月現在、健在な卒業生は猪俣、扇、亀山、牧沢、須賀、杉本の六人になってしまった。彼らはすでに九十歳の老境に達しており、大半の卒業生が体調不良でインタビューに応じてもらえなかった。

私が彼らに証言してもらいたかったことは、中野学校時代の諜報《ちょうほう》活動よりも、戦後の生き方、つまり、陸軍中野学校の戦後史についての個人体験だった。しかし、体調不良の卒業生を病床に訪ね、病状をさらに悪化させてしまうのではと、気が咎《とが》めて実行を躊躇《ちゅうちょ》していた。

そんな状況で取材にブレーキが掛かっているとき、朗報がもたらされた。それは、佐賀県に住む境勇の遺族からの会ってもいいという知らせだった。さらに、東京の牧沢義夫の連絡先もわかった。境は十年前に亡くなっていたが、戦後は中野校友会九州山口支部の初代支部長をしており、終戦直前は富岡校の教育部で同期の越巻と九丙、十丙学生の学科教育を担当していた。階級は二人とも少佐であった。

戦後の境は郷里に復員すると農業を始め、その後、農協関係に職を得て昭和六十三年（一九八八）に八十一歳で没するまで、生涯、郷里を離れなかったという。夫人の幸子は、境が復員してから中野学校のことは一言も聞いたことがない。

佐賀から帰京した私は、牧沢義夫に連絡を取ってインタビューを申し入れた。電話口に出た牧沢は「なにを聞きたいのですか。お役に立つとは思いませんが」と、穏やかな口調で取材を断る。私は「とにかく会うだけでも会ってもらいたい」と、なかば強引に牧沢を説得して約束を取り付けた。

残暑がぶり返していた九月なかばの週末、私はJR中央線の最寄り駅に出向き、牧沢の自宅を訪ねた。駅から五分ほどの閑静な住宅街に牧沢の家はあった。牧沢は大正三年（一九一四）三月三日生まれの九十歳。上品な人物であった。

牧沢は山口県の防府《ほうふ》中学（現県立防府高校）を卒業後、山口高等商業学校（現山口大学経済学部）に進学した。卒業後、小野田セメントに入社してサラリーマン生活を送るが、昭和八年（一九三三）現役召集兵として歩兵第四十二連隊（山口）に二等兵として入営。連隊に徴兵中、甲種幹部候補生の試験に合格し、見習士官となる。その後、千葉の陸軍歩兵学校通信隊に転属し、五カ月間の教育を終了したのち原隊に戻って、下士官と兵の通信術科の教育を担当した。

昭和十三年（一九三八）四月、陸軍兵務局付けとなり、上京。他の同期生たちと一緒に後方勤務要員養成所の一期生として選抜される。

座敷に招じられた。座卓の上には灰皿と湯茶の道具が揃えられていた。部屋には香が焚《た》かれ、ふくよかな匂いが漂っている。

「他の人と違った体験といえば、それは台湾時代に俘虜《ふりょ》になった米軍パイロットを尋問した責任者として戦後、巣鴨プリズンに収監されたことでしょうか」

静かな口調で語る牧沢の戦後史は、戦犯の話から始まった。

「昭和十九年（一九四四）七月、私は参謀本部第二部第六課の欧米班におりました。第二部長の有末精三少将に呼ばれて出頭すると、転属命令でフィリピンか台湾のどちらを希望するかという下問でした。高商時代に野球の遠征で台湾に行ったことがあるので、私は即座に台湾を希望しました。

台湾軍参謀部情報班長に任じられ、階級は少佐でした。当初の仕事は、勇猛果敢といわれていた原住民の高砂族から選抜した若者を、将来のゲリラ戦要員として訓練することでした。彼らは、のちに東部ニューギニア戦線で活躍してくれました。

十月に入ると、台北でも米軍機による空襲が激しくなり、台湾沖航空戦では米軍機もだいぶ撃墜されました。そのとき、落下傘で脱出したパイロットが我々の捕虜になったんです。私は少尉と一等兵の二人の部下を、その捕虜の尋問に当たらせました」

牧沢のいう「台湾軍」とは、沖縄の部隊も指揮下に置いていた第十方面軍のことで、軍司令官は安藤利吉大将だった。台湾沖航空戦は十月十二日から十六日にかけて台湾全島周辺で繰り広げられた日米航空戦で、大本営海軍部が発表した戦果は著しい過大報告であった。

「一等兵は亡くなっていますので、実名でいいでしょう。名を春見二三男といい、東京商大（現一橋大学）を出て、徴兵される前は三井物産のニューヨーク支店に勤めていた人です」

私は、春見二三男の名を聞いて驚いた。彼は新庄健吉陸軍主計大佐に協力して、ニューヨークで情報活動をしていた人物なのである（拙著『昭和史発掘　開戦通告はなぜ遅れたか』〈新潮新書〉参照）。牧沢は、春見について次のように語ってくれた。

「彼はニューヨーク時代のことをよく話していました。なんでも、支店長命令で新庄大佐に協力して米国の経済情報を集めていたそうです。開戦後は捕虜収容所に軟禁されて、だいぶ酷《ひど》い目にあったと言っていました。交換船の浅間丸で横浜に帰ってきたのは、開戦翌年の八月だったようです」

春見は牧沢の部下として情報班で働いていたというが、どのような経緯から情報班に配属されたのだろうか。牧沢は一冊の本を貸してくれた。『あの時あの人』という春見本人の著書だった。それによると、春見は帰国して一カ月の休暇を取ったのち、物産台北支店の総務課長として現地に赴任した。現地徴兵で台湾南部の屏東《へいとう》に置かれた第五十師団高射砲部隊に入隊。高射砲隊が台北に転属になったことが、牧沢との接点となった。

牧沢が英語に堪能な春見を情報班に転属させて以来、二人は上官と部下という関係にあった。春見が情報班に転属したのは昭和十九年（一九四四）七月、情報班は作戦・情報・兵要地誌の三部門に分かれていた。

上海の軍事法廷に立って

牧沢の話を続ける。

「私が作り直した情報勤務規定に基づいて、捕虜は次々と軍司令部に連行されてきました。捕虜調査の目的は、彼らが乗艦していた艦船名と来襲機動部隊の編制や装備、企画意図を探ることでした。彼らの供述によって次第に実相が明らかになり、逐次参謀本部に報告しました。それは大本営海軍部の発表とは全く異なるもので、のちに台湾軍司令官は、参謀本部より前例のないお褒めの電報を受けました。これは、その後の私の苦難の人生航路を慰め、癒《いや》して余りあるものでした。

尋問した捕虜のうち、階級は少尉だったと思いますが、ただ一人、自分の官姓名のほかは頑強に白状しないパイロットがいました。相当強い言葉で自白を迫りましたが、なかなか口を割りません。そのうち、春見君がタバコの火を捕虜の首筋に押しつけ、『白状しろ！』と英語で怒鳴ったんです。そして、その捕虜は答え始めました」

　後日、この尋問の仕方が台湾軍司令部で問題となり、牧沢は台湾軍臨時軍法会議に付されることになる。だが牧沢は、捕虜の尋問に直接関わった部下のA少尉と春見には罪が及ばぬように処置した。この臨時軍法会議の判決書には、牧沢の強い要求によって「両名共その後、戦死」と記されている。

　そして、牧沢は独断でA少尉に対して、司令部から姿を消すことを指示。いうなれば、脱走を命じたのである。一方、春見を現地除隊させ、徴兵前に働いていた物産台北支店に復職させている。その結果、二人は無事内地に帰還した。

　臨時軍法会議が開かれたのは、終戦後の昭和二十年（一九四五）十一月であった。まだこの時期には第十方面軍の組織も機能していた。牧沢は職権濫用《らんよう》罪で禁錮《きんこ》十カ月の判決を受け、軍司令部の拘置所に収監された。日本の軍法会議で裁かれて、禁錮刑に処せられたのである。

　しかし、牧沢にはこれから先、はるかに過酷な運命が待ち受けていた。

「終戦の翌年、あらためて米軍の裁判にかけられるため、私は上海に米軍機で護送されました。一月の上海は歯の根も合わないくらい寒くて、監獄では満足な食事も与えられませんでした。監獄では想像したり考えたりする時間は無限にありました。なぜ、日本の軍法会議に付託されたのかを……」

その根拠は、ポツダム宣言の戦争犯罪人に対する処罰の条項にあったようだ。牧沢らの行為は捕虜虐待という戦争犯罪行為で、日本側で処罰しておいた方が有利だろうという、上層部の愚かな判断があったと思われる。

ところで、上海の軍事法廷の様子はどうであったのか。

「上海のワード・ロード・ジェイル（華徳路監獄）には、第十方面軍司令官だった安藤利吉大将も収容されていて、大将は裁判が始まる前に服毒自殺しました。裁判が始まったのは春になってからで、証人尋問には例のパイロットも出廷して私を責め立てたんです」

と牧沢は語る。

記録に残された牧沢の起訴状には、日本語で次のような文言が綴《つづ》られている。

〈原告　北米合衆国
被告　牧沢義夫
罪名　日本が北米合衆国並びに連合国と交戦中、日本帝国陸軍の当時少佐牧沢義夫は、一千九百四十四年十月十九日頃台湾に於《お》いて戦時法規並びに慣習等を違反して、当時北米合衆国俘虜海軍中尉（当時少尉）ＥＤＷＩＮ　Ｊ・ＷＡＬＡＳＥＫに故意又暴虐の悪行を加えたる事。

罪状項目　日本帝国陸軍の当時少佐牧沢義夫は一千九百四十四年十月十九日頃、台湾台北に於て北米合衆国人俘虜ＥＤＷＩＮ　Ｊ・ＷＡＬＡＳＥＫに手指の間に鉛筆又ペン軸を挟み堅く握り又捩《ねじ》り、モップの柄又木造の物を膝《ひざ》の後側に挟み強制的に正座せしめ、その上に圧力を加へ、革のバンドにて顔又頭を猛しく打ち、又火の付いてある巻煙草にて頭又頸《くび》を焼く等の方法を以《もっ》て故意、非法又残酷に拷問を為《な》したる事〉（ひらがな部分は原文ではカタカナ表記）

牧沢の米国側官選弁護人は、弁護に不熱心であった。ワラセック中尉（昇進していた）の証言はあまりにも事実を歪曲《わいきょく》し誇張している、と牧沢は猛烈に抗議した。しかし、裁判長の米軍大佐は、

「いやしくもワラセックは米軍の海軍中尉。しかも証言の前に『神に誓って真実を述べる』と宣誓している。虚偽や誇張があるはずがない」

とワラセック中尉の証言を全面的に採用して判決を下した。牧沢は法廷では一言も発言を許されず、主張は全面却下され、情状は一切考慮されなかった。

ところで、米軍は牧沢の身上書に陸軍中野学校出身という経歴を記録しなかったのだろうか。

パイロットに対する尋問に、拷問を使ったと起訴状にはある。その拷問が中野学校のテクニックと解釈されて、不利益を蒙《こうむ》ったことはなかったのか。

「中野学校と戦犯裁判は関係ありませんでした。それに、私の経歴は米軍も徹底的に調べなかったようで、中野学校について尋問されたことはありませんでした。判決の宣告はいまでも覚えています。『ハードレイバー・サーティイヤーズ』重労働三十年の判決でした」

座卓を前に正座した牧沢は、上海時代の体験を淡々と話す。その体験談からは、言葉に強弱がないだけに、かえって事実の重みが迫ってくる。私はメモをとるのも忘れて、話に聴き入っていた。

「一月に上海に護送されてきて以来、八カ月余りを監獄で過ごしました。刑期を勤めるために東京・巣鴨プリズンに送られたのは、その年（昭和二十一年）の十月でした。巣鴨での仕事は、かなりきついものでした。プリズン内外の戦災による焼け跡の整理・整頓《せいとん》、石炭の積み降ろし、米兵が使う運動場作り、農作業など多岐に亘《わた》りました。

とくに当初は、老人、若者、病弱者も無差別に引っ張り出されて使役させられました。これではたまらない、と戦犯側から『労働は判決なのでしかたないが、作業は均等に割り振ってくれ』と米側の管理者に嘆願書を出したんです。その結果、『お前たちが選んだ代表を出せ。そのものに一切任せる』という回答がありました。

そして私が選ばれて、初代の労務管理割当人という大役を仰せつかったんです。Ａ級戦犯の方は作業免除でしたが、鈴木貞一氏（元企画院総裁）だけが『何かやらせてほしい』と米側に申し出て、私のところに来られました。鈴木氏とはそのことがご縁で、出所後も終生お付き合いをさせていただくことになりました。

服役して最初の減刑は講和恩赦で、七年減刑されて刑期は二十三年になりました。忘れもしません、放免されたのはそれから三年後の昭和二十九年（一九五四）二月十日でした。台湾時代の職権濫用罪は前年に法務大臣によって特赦され、私の履歴から軍法会議の罪名は消えました」

牧沢は七年四カ月、巣鴨プリズンで戦犯として過ごした。その間、日本をとりまく内外の情勢は大きく変化した。米ソ対立の構図が鮮明となり、第三次吉田内閣時代の昭和二十五年（一九五〇）六月には朝鮮半島で北朝鮮軍と国連軍の軍事衝突が起こる。同年八月には警察予備隊が発足した。翌年八月には旧陸海軍の将校一万一千名余が追放解除され、九月には日米安全保障条約が締結される。

昭和二十八年（一九五三）七月、朝鮮戦争休戦協定が調印される。牧沢が出所した昭和二十九年には自衛隊が創設され、年末に吉田内閣が総辞職、第一次鳩山内閣が発足した。講和恩赦で牧沢に減刑が与えられてからわずか四年の間に、新生日本とかつて敵国であった米国の関係は強固になっていた。

そんな世情のなか、牧沢は出所した。巣鴨プリズンの正門では、中野学校の同期生たちが牧沢を出迎えてくれたという。それからしばらくして、牧沢は故郷の山口に戻った。

牧沢が懸念していた台湾時代の部下二人は無事に復員し、戦後は戦犯として追及されることもなく暮らしていることが分かったという。ちなみに春見は、台湾の三井関係の引揚者グループに入って、終戦翌年の四月に、家族と一緒に名古屋に引き揚げていた。戦後の再出発は、三井物産名古屋支店総務課長からであった。

一方、牧沢は巣鴨プリズンを出所後、出光興産の総務部長になっていた。出光に世話をしてくれたのは参謀本部欧米課時代の上司だった。その後、出光美術館に移り、定年まで三十三年間、サラリーマン生活を送った。

戦後の牧沢は、陸軍中野学校で受けた教育とは全く無縁の世界で、庶民として生きてきた。彼は巣鴨プリズン出所後の人生を「平凡なサラリーマン生活だった」と述懐する。

モノクロ写真が語る外地勤務時代

牧沢の証言は、夕方になっても終わらなかった。障子に映る陽の影も弱くなってきた頃、私は牧沢に中野時代の写真を所望した。

「ほとんど処分してしまい、残っている写真は九段時代のこの一枚だけです。写した場所は、九段坂の土手でした」

後方勤務要員養成所時代の牧沢（左から二人目）

牧沢が差し出したモノクロ写真には、背広姿の四人が写っている。オーバーコートを着ている者もいて、立ち木は落葉して寒々としている。牧沢が後方勤務要員養成所に入校したのは昭和十三年（一九三八）七月、養成所は翌年四月に中野の陸軍電信隊跡地に移転しているので、この写真が撮られたのは、入所した年の冬から翌年の春までの間と推測できる。

牧沢は久し振りにアルバムの写真を見たのであろう。しきりに昔を懐かしみ、外地勤務の話が自然に出てきた。

「中野を卒業すると、参謀本部第二部の欧米課に配属されました。担当した仕事は、米国および南米の一般事情研究でした。民情や政情、あるいは資源の調査といったものです。同期で欧米課に配属されたのは、私のほかに境（勇）、山本（政義）、阿部（直義）、新穂（智）の四人がいます。

これはあまり知られていないことですが、私は当時、汪兆銘政権の要人だった周仏海の息子の幼海と商工部長梅思平の息子である梅孝増、後に汪政権の司法部長になった羅君強の息子、伯傳らを日本で世話しました。彼らを連れてきたのは無官時代の犬養健氏でした。場所は荏原《えばら》（現在は品川区荏原）の藤田謙一氏の別邸でした。藤田氏は元貴族院議員で、商工会議所の会頭を務めていた方です。私は半年ほど彼らとそこで一緒に生活していました。

海外赴任はコロンビアとエクアドルでした。日本を出発したのは昭和十五年（一九四〇）八月でした。乗った船は、日本郵船の落洋丸だったと記憶しています」

牧沢は着任早々の首都ボゴタの生活、そして交換船で帰国するまでの体験を次のように述懐している。

〈国語はスペイン語。一般家庭に下宿。スペイン系の家庭の人々は底抜けに明るい。先《ま》ず英字新聞、雑誌により経済情勢を研究。スペイン語家庭教師を頼み、下宿の人たちと市場での買い物、公園、博物館、ドライブなど二十五歳の独り者は一見万事気楽であった。スペイン語もいくらか理解できるようになったが、軍事に関するものは極力避けた。（中略）

エクアドル、ペルー出張。目的は重要戦略物資の日本への託送の督励であった。積出港はリマのカヤオ港であった。親日的な現地人の協力に感謝した。日米開戦後は日本を支持してくれてビーバ・ハポン（日本万歳）、グリンゴ（南米人が悪意を込めて呼ぶアメリカ人）をやっつけてくれて有り難うなどと、現地の人たちに大いに感謝される。だが、通信網は米英系に独占されているため、開戦と同時に、本国その他隣接国日本公館との通信は一切途絶した。

帰国はスウェーデンの交換船グリプスホルム号に乗船。出発地はニューヨーク港。米国駐在武官磯田三郎少将、補佐官矢野連中佐、石川少佐、駐メキシコ武官西義章大佐、木村武千代（乙一長）、石井正（乙一長）に会う。途中、リオデジャネイロ港でブラジル駐在の阿部市次、西田正敏（共に乙一長）が乗船、中野出身者は総勢五人になったが、いずれも軍人らしいそぶりは一切見せなかった。

グリプスホルム号はポルトガル領ロレンソマルケス港（現モザンビークのマプート港）に到着。我々は日本からの交換船のイタリア船籍コンテベルデ号と浅間丸に乗船していたグルー大使らを始めとする在日米国人と入れ替わって両船に乗り換える。北米組が浅間丸、南米組がコンテベルデ号であった。

帰国途中、シンガポールに寄港。同志の太郎良、中宮（共に乙一長）らと会う。（昭和十七年）八月二十日ニューヨーク乗船以来二カ月ぶりに横浜に上陸。三宅坂《みやけ》から市ヶ谷に移って

いた参謀本部の欧米課に復帰して、再び米国政情、中南米が担当になった〉(カッコ内は引用者注)

三井物産ニューヨーク支店に勤務していた春見二三男とは、ロレンソマルケスまでは一緒だったが、交換船の中ではお互いに顔を合わす機会もなかった。人間の縁とは不思議なものである。二人が、それから二年後に台湾で邂逅《かいこう》することになるとは……。

二年ぶりに牧沢は参本欧米課に復帰した。この頃の参謀本部第二部は、第五課がソ連情報、第六課が欧米情報、第七課中国情報、第八課が諜報・宣伝・謀略を担当していた。三国同盟以降に新設されたドイツ、イタリア担当の第十六課は、戦況の推移にともなって昭和十八年(一九四三)十月に廃止されている。

牧沢はコンテベルデ号で帰国したが、浅間丸には駐米武官室の磯田、矢野、石川の三人、外交官の野村吉三郎、来栖三郎両大使をはじめ、奥村勝蔵一等書記官、寺崎英成一等書記官、松平康東一等書記官、結城司郎次一等書記官ら大使館の幹部も乗船していた。

帰国した牧沢は、欧米課に勤務したのち、先述したように二年後に第十六方面軍参謀部情報班長として台湾の台北に赴任する。その後は本人の証言にもあるように、日本軍の臨時軍法会議で裁かれ、その判決が理由となって、戦後さらに米軍の軍事法廷で裁かれるという数奇な運命を辿《たど》った。

巣鴨プリズンに収容された中野学校関係者は、十数人いた。撃墜したB29の米軍捕虜を市内引き回しのうえ処刑した「漢口事件」の責任者として終身刑の判決を受けた福本亀治憲兵少将（中野学校幹事役）、西部軍油山《あぶらやま》事件関係者（本章で詳述）、南方からの受刑移送者などである。

取材は四時間以上に及んだ。初めは話すことをためらっていた牧沢だが、話し始めると、その記憶力には確かな手応《てごた》えがあった。正座を崩さず誠実に語る牧沢の人柄に、私はグッと込み上げてくる熱い感情を抑えることができなかった。

油山事件

第一章で紹介した櫻一郎（乙二長）は予備士官学校出身であるが、櫻が入校した昭和十四年（一九三九）十一月に、全国に予備士官学校は、盛岡、豊橋、久留米、熊本の四校があった。櫻はそのうち盛岡の予備士官学校を卒業していた。櫻の軍歴を追ってみると、昭和十五年（一九四〇）十一月に陸軍少尉で予備役に編入され、翌月には中野学校入校を命ぜられて特別志願将校となった。翌年一月、陸軍省兵器本部付きに任用、八月大本営陸軍部付きとなる。

中野学校に入校したのは同年十二月で、その時代の中野学校は陸軍大臣の直轄校になっていた。軍歴票には「第十五次特別志願将校」と記されており、「中野学校」の文字は全て消されている。陸軍中野学校を卒業した学生は櫻にかぎらず、軍歴票から中野学校の履歴は消されて、兵務局付き、あるいは兵器行政本部付きとされていたようである。

卒業後、櫻が配属された部署は参謀本部第二部第六課で、この課のアメリカ班には先出の第一期生、牧沢義夫が配属されていた。牧沢は櫻が配属される前の昭和十五年八月には南米のコロンビアとエクアドルに諜報将校として派遣されていたため、櫻が牧沢と一緒に仕事をしたのは牧沢の帰国後であった。

櫻のアメリカ班勤務は、中野の卒業生のなかでも、もっとも長期間にわたった。在職中に二度、海外に出張したことがあった。

「昭和十七年七月、すでに日米開戦から半年も過ぎていましたが、私は海外に抑留されている日本人外交官や民間人を交戦国の抑留者と交換するため、抑留者交換船に指定された日本郵船の龍田丸に、三等航海士に身分を偽騙《ぎへん》して乗船しました」

その時、参謀総長から与えられた任務は以下のようなものだった。

1　航海中の乗船客からの情報収集
2　インド洋上の航空気象の情報収集
3　ロレンソマルケス駐在のドイツ領事と連絡して、英海軍の東洋方面への回航情報を収集

往復の航海には三カ月余りを要した。ロレンソマルケスはアフリカ南東部にある中立国ポル

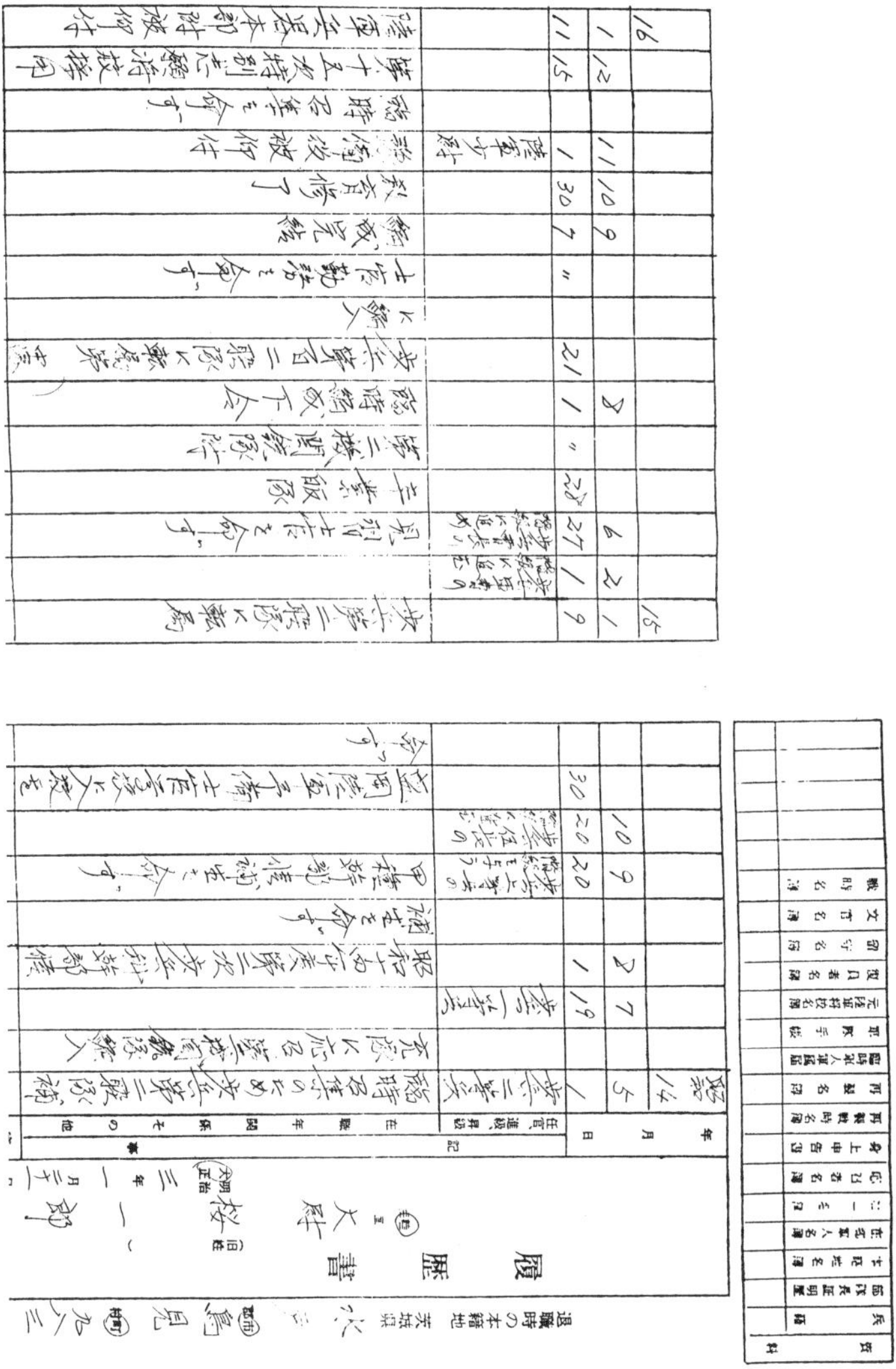

櫻一郎の軍歴票。中野学校の履歴は消されている

トガル領の港で、ここで日本人外交官や民間人を乗せて帰国するという使命だった。

「交換船といえば、戦後になって中野校友会の席で、先輩の牧沢さんが同じ時期に南米からこのロレンソマルケスにスウェーデン船で運ばれてきて、コンテベルデ号に乗り換えたという話を聞いたんです。私が龍田丸に乗船したのは第二回の交換船だったんです」

牧沢は交換船コンテベルデ号に乗船していたこと、そして横浜に帰港したのが昭和十七年（一九四二）八月二十日であったことも証言している。櫻は九月には龍田丸で日本に帰ってきた。任務が終わると再びアメリカ班に戻って通常の勤務に就くが、昭和十八年八月には再び海外に出張していた。証言によると、出張先はシンガポール、ジャカルタ、アンポン、マニラ、パレンバン、クチンなどであった。

帰国後はまたアメリカ班に勤務し、昭和十九年八月に大尉に昇進。次いでアメリカ班を離れて昭和二十年（一九四五）六月に、中野学校を卒業以来初めての部隊勤務となる。任地は九州の第十六方面軍参謀部情報班であった。六月十九日には福岡が米軍の空襲を受けて、司令部は灰燼《かいじん》に帰していた。

翌二十日、市内の福岡高等女学校（現福岡中央高校）の校庭では異常な光景が展開していた。それは第一回の捕虜になっていたB29搭乗員一二名の集団処刑であった。それも、日本刀による斬首《ざんしゅ》の公開処刑である。午後一時から始まった処刑には、一般市民や学生など見物に来た黒山の人だかりができた。処刑には四時間を要したという。

第十六方面軍（西部軍管区司令官兼任）司令官横山勇中将は空襲のあとに、司令部を福岡市の南方に位置する筑紫《ちくし》郡山家《やまえ》村（現筑紫野《ちくしの》市）の洞窟《どうくつ》に移してしまった。もちろん、司令部幕僚も司令官と一緒に洞窟司令部に移ったことはいうまでもない。

櫻が東京から転勤してきたのは六月八日で、公開処刑が行われる前であった。また、櫻が赴任してきた頃、参本第八課が第四班に変わり、その第四班から先輩の一期生亀山六蔵少佐が先任将校として情報班に転属になっていた。

「米軍捕虜の尋問をしたのは八月の暑い日だったことを覚えています。尋問したのは敵航空勢力の実力と侵攻状況などについてでした。尋問が戦時国際法に反していたとは思っていません。それに、捕虜に対して拷問をしたことはありません。

問題はそのあとのことです。私たちは〝油山事件〟と呼んでいますが、捕虜を処刑したんです。このことは、中野学校の一部の者が知る程度で、学校史にもほんのわずか記述されているにすぎません」

校史にはこうある。

〈西部軍には、米軍俘虜の処置に関し、後に戦犯事件になる問題が二件発生した。その一つ

はいわゆる油山事件で、赴任したばかりの中野出身者がこのために苦労しなければならなかったのは、誠に気の毒であった〉

櫻が明かしてくれた油山事件とは、長崎に原爆が投下された八月九日に、福岡市郊外の油山と呼ばれていた市営火葬場近くの雑木林で、同じB29の搭乗員だった捕虜を処刑した二回目の事件であった。処刑の指揮官は西部軍参謀副長の友森清晴大佐（陸士三十四期）で、ほかにも憲兵少佐の江夏源治や第六航空軍参謀の伊丹少佐などが立ち会っていた。

では、実際の処刑はどのようにして行われたのか。当時、方面軍の報道班員だった上野文雄の著作を引用してみる。

〈死刑執行指揮官は、参謀見習の少佐射手園達夫であった。この日、刀を揮《ふる》ったのはやはり腕自慢の法務大尉和光勇精大尉、法務中尉吉田寛二、少尉楢崎正彦、それに遊撃隊員も加わった。処刑者は八人であった。いずれも目隠しされて一カ所に座らされ、そこから一人ずつ、処刑場になっている緑の雑木林の奥に連れて行かれた。自分の順番を待つ間、彼らはもうりっぱに観念しているようで、騒ぐ者もいなかった。（中略）また剣道五段の楢崎少尉は、肩からはすかいにきれいなケサ切りで切った〉（『終戦秘録　九州8月15日』）

櫻は事件を回想する。

「油山事件はいやな事件でした。私は直接、処刑に立ち会ったことはありませんが、自分が尋問した捕虜が処刑された、と後で聞いた時には憂鬱《ゆううつ》な気分でした。おそらくこの処刑を決定した上層部の判断には、報復的な意味が充分あったと思うんです。処刑の直前には福岡空襲、広島の原爆投下、そして九日には近くの長崎に原爆が投下されていますから……」

捕虜をケサ切りしたとされる少尉は、後述する八丙出身の斎藤津平と同期の卒業生であった。

楢崎について櫻は語る。

「楢崎君はたしか、国士舘出の剣道の達人で戦後は最高位の範士九段を取りました。あの事件で巣鴨に長く入っていたはずですが、四年前（平成十一年六月）に亡くなりました。私の記憶では油山事件で戦犯に問われて処刑された人はいなかったと思います」

処刑後、指揮官だった友森大佐は全員を集めて次のような訓辞をしていた。

〈本日の処刑は、国際法の定るところによっておこなわれたものである。しかし、外部にはあまり口外しないように〉（前掲書より）

中野時代を詳細に語ってくれた櫻も、この油山事件に関してだけは口が重く、話したのは今回が初めてだという。私は心境を問うてみた。

「中野学校の卒業生が直接、間接に関わった歴史の表に出ない情報諜報活動はまだ他にもたくさんあると思います。しかし、私の信ずるかぎり、中野の卒業生が自ら進んで無益な殺生をしたとは思っていません。おそらく楢崎君にしても、配属されていた西部軍の上官から命令されてやったことだと思うんです。

巣鴨に入ったのも、その責任を問われての結果でしょうが、執行の指揮官だった友森大佐の処分がどうなったのかが気掛かりな点です。私が今回あなたに話したのは、中野学校で諜報、謀略などの教育を受けてきた我々は、時と場合によって非合法な活動をすることもあるという、その事実を知ってもらいたかったからです。楢崎君のケースは非合法な活動というよりも上官の命でやったことですから。それと、剣道の達人ということが指名の第一にあったと思うんです」

櫻は、楢崎少尉と参謀見習の射手園少佐とは参本六課時代から面識があったという。射手園は士官学校（五十二期）を出た一乙の卒業生で、当時は西部軍参謀部調査室に勤務していた。本来の任務は九州地区の遊撃戦の作戦計画を立てることだが、『終戦秘録　九州8月15日』によれば、処刑当日の執行指揮者になっている。その辺の事実関係の調査は残念ながら、まだ手つかずのままだ。

「終戦は方面軍で迎えました。そして、進駐軍の受け入れ機関だった西部復員監部というところに進駐軍との連絡将校として配属されたんです。まだ十月には軍の組織は生きていて、私は現役の大尉将校でした。九州地区に進駐してきた部隊は第六軍団のクルーガー中将が指揮していた三個師団でしたが、そのなかで通称レッド・アロー部隊と呼ばれた第三十二師団のG2、いわゆる参謀情報課のレゾナル・オフィサー（先任将校）と情報交換をしていました。情報交換といっても調査の命令を出すのは先方で、こちらは命令を復員監部に持ち帰って、各セクションに調査事項を回覧し、その回答をG2にもって行くのです。G2からの命令は、九州地区に展開していた陸軍の兵力や武器、弾薬の貯蔵状況などの調査が主でした。

私が連絡将校に任ぜられたのは、参本でアメリカ班に勤務していたことから、適任と上官に判断されたよ

参本アメリカ班時代の櫻一郎（後列中央）と同僚

うです。私のことを先方が調査したかどうかは知りませんが、軍歴には中野学校を卒業したことはいっさい書かれていないので、特別に相手を警戒したということはありませんでした。戦犯容疑者に指名されることも考えませんでした。連絡将校の仕事は昭和二十一年まで続き、正式に除隊したのは十二月でした」

櫻はその後も、GHQから中野学校について尋問されたり軍歴について追及を受けたことはなかった。軍隊を離れた櫻は一民間人として地元福岡の炭鉱会社に就職した。担当は総務と労務だった。

「中野学校のこと、そして参本時代、方面軍時代の体験談、戦後のことなど家族にも話していないことばかりですが、今日はすべてあなたに話しました。いかがでしたか。私の体験した中野学校の話は、それほど胡散《うさん》臭くもないでしょう。といっても、私は海外勤務もなければ諜報員として戦地に出たこともないので、限られたことしか知りません。それでも、中野学校のモットーだった〝謀略は誠なり〟の意味はよく理解しているつもりです。中野学校は決してスパイ学校でもなければスパイの養成所でもなかったのです。リサーチャーやアナリストを育てた学校だったと認識しています」

しかし一方で、牧沢のように身分を偽騙して、任地で諜報活動をしたことも、また事実だ。中野学校が諜報、謀略、宣伝戦のノウハウを教えていた、諜報員の養成学校であったことだけは紛れもない事実なのである。

国家が国益を守るために情報機関をもち、諜報専門家を養成することは当然のことで、中野学校を卒業したことを世に恥じる必要はないはず。ただ、集めてきた情報を分析して、その価値を評価するセクションが適切な判断を下せなかったことに、中野学校の存在が否定された時代もあった。

いずれにしろ、櫻一郎は自らの体験を詳細に語り、貴重な資料まで提供してくれた。真実の陸軍中野学校の一端が、また明らかになってきた。特に、油山事件に中野卒業生が直接関係したことなど、終戦直前の秘話といえるのではあるまいか。

事件の真相とは

私は取材を続けるなか、この事件の真相をより深く知る人物を櫻から紹介してもらった。中野校友会の事務局長を務める山本福一である。彼とは平成十七年（二〇〇五）の年初早々、市ヶ谷グランドヒルの喫茶室で会った。

「私は小野田と同期の、俣一の卒業です。私は戦後、油山事件で米軍から訴追され、横浜のＢＣ級戦犯裁判で重労働三十年の判決を受け、巣鴨に八年間入獄しました。私の裁判は昭和二十三年（一九四八）十月に始まり、判決は同年十二月でした。私は熊本の予備士官学校を出て、中野学校二俣分校を昭和十九年（一九四四）十一月に卒業し、西部軍参謀部情報班に赴任しました。階級は少尉でした」

山本は櫻より半年早く、福岡の西部軍に赴任していた。油山事件は山本が着任して八カ月後に起きた。九州地区で米軍捕虜を日本刀で処刑したのは、油山事件のほかにも、先にも述べたように、六月二十日、西部軍管区司令部の庭で一二名を斬首した事件があるが、ここでは油山事件のみを取り上げることにする。

「この事件では、三二名の被告が有罪判決を受けています。死刑判決も数名いたと思いますが、正確な官職名と名前は記憶もはっきりしません」

山本の記憶を補うため、この横浜裁判の真相解明を続けている横浜弁護士会が編集した報告書から判決の記述を紹介する。

〈命令系統にあった者一三名のうち、司令官横山勇中将、参謀副長福島久作少将（引用者注・第十六方面軍）、法務部長伊藤章信少将、参謀副長友森清晴大佐（引用者注・西部軍）、参謀佐藤吉直大佐、法務部和光勇精大尉の六名に絞首刑の宣告がなされた（ただし、いずれも連合国最高司令官による確認段階で終身刑に減刑されている）。

処刑の実行に関与したとされる者のうち、合同裁判を受けた被告は一九名いるが、このうち三名に絞首刑（ただし、のちに終身刑に減刑されている）、一名に終身刑、一一名に二〇～三〇年の有罪判決が下された（引用者注・判決人員は第一回と第二回の関係者）〉

（『横浜弁護士会BC級戦犯横浜裁判調査』）

「この事件では俘虜の処置に関して責任がはっきりせず、処刑に関しても作戦参謀と情報参謀、それに軍律を担当していた法務部の意見はバラバラでした。中央からの指示は『現地軍に於て適宜処分すべし』という曖昧《あいまい》なものでした」

いずれにしても、二つの事件で米軍俘虜二〇名を処刑した罪で起訴された方面軍と西部軍の被告三二名のうち、絞首刑に処されたものは一人もいなかった。だが、中野学校関係者は山本をはじめ、楢崎、射手園らが重労働三十年の判決を受けて巣鴨プリズンに服役した。刑期は実質、十年前後であった。

山本は戦後、故郷の島根に戻って村の助役を務めていたが、昭和二十二年（一九四七）五月に突然、地元の警察から戦犯として逮捕された。

「最初は中野学校のことかと緊張しましたが、逮捕理由は戦犯でした。それで、油山の事件かとピンときました。島根の田舎から巣鴨に直行でした」

山本福一は大正十年（一九二一）十二月生まれで、八十三歳。最近は、横浜弁護士会が主催する「BC級戦犯横浜裁判」のシンポジウムに招かれ、戦犯裁判の体験談を講演しているという。

山本らと同じように巣鴨プリズンに収監された一期生の牧沢と、三期生に当たる乙二長期出身の櫻の二人の戦後は、明暗を分けた人生だった。牧沢は昭和二十九年（一九五四）に戦犯として七年四カ月暮らした巣鴨プリズンを出所してから、サラリーマン生活に戻った。

一方、櫻は陸軍が解体されてからも米軍との連絡業務を果たすため復員監部に残り、昭和二十一年（一九四六）十二月の除隊後は社会人に復帰して、サラリーマン生活に戦後の生き方を見出《みいだ》している。牧沢の戦犯生活は、その裁判過程が卒業生のなかでもレアケースであった。

櫻のような戦後を生きた卒業生は他にも多数いる。会社や役所、自営業にそれぞれ戦後の生き方を模索しながら人生を歩んできた。

だが、後に紹介する卒業生の場合は、中野学校のセオリーを戦後も引き継いで生きてきたといえる。ここにも陸軍中野学校の戦後史を、またひとつ解き明かす証言が出てきた。

処刑実行者の告白

「油山事件」に関して本稿校了直前に、捕虜を直接処刑したという人物の情報が飛び込んできた。戦後六十年を二カ月後に控えた六月の日曜日、九州博多の中華料理店で少人数の戦友会が開かれた。集まった四人は、陸軍中野学校の卒業生でつくっている「福岡中野会」の面々であった。四人のうち一人は在学中に終戦を迎えたが、みな八十歳を超えている。その日の会合で話題になったのは、終戦直前の軍隊生活の思い出であった。

当時、三人は二十歳代の若き諜報戦士で、学校があった群馬や静岡から遠隔地の朝鮮半島や九州に配属され、部隊の情報班や郷土防衛隊の最前線で勤務に就いていた。

話は懐旧談で盛り上がり、小宴は二時間を過ぎても終わらなかった。そろそろ宴も終わりに近づいてきたころ、私を今回の同窓会に呼んでくれた石川洋二と同期の福嶋治平が、

「戦友の一人が米軍捕虜処刑の真相について話してもいいというんですが、話を聞かれますか」

と声をかけてきた。もちろん福嶋の提案に異存はなかった。

紹介されたのは門司から出向いてきた八十二歳になる進藤信孝で、彼は中野学校でゲリラ戦の教育を受けた八丙の卒業生であった。

「仲間以外に、この話をするのは初めてです。事件が起きたのは終戦直前の八月九日でした。私は中野を七月に卒業すると、九州の防衛を担当していた西部軍管区司令部に配属されて、そこで捕虜になっていた米軍パイロット、この連中は日本軍に撃墜されたB29の搭乗員ですが、八人のうちの一人を処刑したんです」

前出の山本福一以外に、油山事件で実際に捕虜を処刑した人物が目の前の進藤であった。同じ昭和二十年（一九四五）八月九日には、長崎に原爆が落とされた。九州での米軍関係者の処刑といえば、戦後、九大医学部生体解剖事件が報道によって知られるようになった。しかし、進藤の語る処刑事件とは、軍刀で米軍捕虜を斬り殺したという衝撃的な証言で、前出の山本証言を裏付けてくれた。

「あの日、私は西部軍の重営倉に入れられていた捕虜と一緒に、軍用トラックの荷台に乗って油山に向かったんです。捕虜は八人おり、全員白人でした。司令部から一時間くらいかかって処刑場に着きましたが、現場にはすでに穴が掘られていました。

当日はカンカン照りの暑い日で、処刑は午前中から始まり昼近くまでかかったと記憶しています。指揮官は射手園達夫少佐で、ほかに法務将校が二人、それと私と同期の予備士官が八人。処刑は空手と弓矢、軍刀を使って行われました。

空手と弓矢は威力を試すためでしたが、実戦には役に立ちませんでした。穴の前に座った捕虜は後ろ手に縛られて、目隠しはしていませんでした。

彼らは覚悟していたんでしょう。抗うこともせず静かにしていました。私が処刑した捕虜は将校でしたが、処刑の寸前に私の顔をじっと見つめたんです。その顔はいまでも忘れません。空手でやったんですが相手はなかなか死にませんでした。最初の一撃で目をつぶってしまいました。私は焦りました。二撃、三撃を捕虜の胸に叩きつけたんです。それでも駄目だったので、捕虜を穴のなかに蹴落として喉を軍刀で刺しました。その時は無我夢中で、とどめの作法などまったく考えずに、処刑を早く終わりたい一心でした」

進藤は話を途中で何度も中断し、肩で息をする。

「最後の捕虜を斬ったのは同期の楢崎で、彼は剣道五段の猛者《もさ》でした。右からのケサ斬り一太刀で相手は絶命しました。処刑が終わって我に返ったんでしょう、アブラゼミの合唱だけが辺りに響いていたのが妙に印象に残っています。いま思い出してみると、あのセミの鳴き声は捕虜の悲痛な叫び声だった……そんな気がしてならないんです」

進藤は処刑当日の現場の様子を鮮明に覚えていた。処刑の真相を語るのは、戦後初めてのことだという。同席していた福嶋も俣三出身の西久保勉も進藤の言葉に耳を傾け、質問も挟まずに黙って聞いていた。

「中野時代、ゲリラ戦の図上演習や訓練は受けていましたが、直接的な殺人は教育されませんでした。それが命令とはいえ、処刑という殺人をしたのです。現場に立ったときは正直、足が震え、持った軍刀の柄が脂汗でヌルヌルして滑りました。額にも脂汗が吹き出ていました」

進藤の告白は懺悔の心情よりも、心の底に溜まった澱《おり》を吐き出すといった、沈鬱な叫びのように感じられた。処刑の状況は、もちろん新聞に報じられることはなかった。プレスコードがかかっているので、当然であろう。

「処刑の時の精神状態は、まるで命令に忠実なロボットでした。そして、とどめを刺したときは、捕虜を人間と思わずモノと見ていました。ところが、首から吹き出した鮮血を見たとき、目の前が真っ白になりました。私は一人、殺《や》りました。その手応えはいまでも両手に残っているんです」

ここまで語ってくれた進藤は、深呼吸すると暫《しばら》くの間、瞑目して身じろぎひとつしなかった。六十年前の処刑の現場を脳裡にありありと想起しているのだろうか……。私は進藤のあまりにも衝撃的な告白に、次の質問ができなかった。

処刑が行われた昭和二十年の夏、日本はまさに敗戦の淵に立たされていた。福岡が空襲で灰《かい》燼《じん》に帰したのは六月十九日。沖縄戦は六月二十三日に終結し、九州各地は連日のように米軍の空襲に晒《さら》されていた。八月に入ってからは広島、長崎の悲劇が起きていた。

このような戦況のなかで米軍捕虜の処刑は実行された。処刑にあたって、上官にも部下たちにも報復の感情があったことは、否めない事実ではなかろうか。

沈鬱な雰囲気を察した西久保が、

「今日は天気がいいので油山へ行ってみませんか」

と進藤に同意を求めた。この機会をとらえて、私たち四人は西久保の案内で、市内の南西にある処刑の現場を訪ねることにした。現在、市営の火葬場になっている現場付近の雑木林には当時の雰囲気が残っている、と西久保はいう。進藤が油山を訪ねるのは三十年ぶり、戦後二回目のことだった。

タクシーで四十分ほど走ると、油山の麓《ふもと》に「市立中央葬祭場」の看板が見えてきた。火葬場は山の中腹に建てられている。私たちは舗装された道路を火葬場まで歩くことにした。およそ五百メートルの距離である。途中、雑木林のなかに黒御影《くろみかげ》の慰霊碑が建てられていた。よく見ると、揮毫《きごう》者の安部源蔵の名が彫られていた。西久保が解説してくれる。

「安部さんは第二十四代の福岡市長です。この人がなぜここに碑を建てたのか定かではないのですが、処刑された捕虜の霊を鎮魂するためだったと聞いています」

進藤は火葬場の近くまで来ると、雑木林に分け入って、六十年前の処刑場の跡を探し始めた。しかし、当時とは地形が変わっているので、現場を見極めることがなかなかできなかった。三十分かけて雑木林を歩き回ったが、正確な現場を特定することはできなかった。

「現場の状況は、当時とそれほど変わっていませんが、正確な場所は解らなくなりました。火葬場の位置からすると、東側の雑木林にあるはずなんですが……」

戦後六十年経った油山周辺は、公園や運動場が整備されて民家や商店が押し寄せ、福岡市の郊外住宅地として発展していた。住民は日常的に目にしている付近の雑木林のなかで、かつて八人の米軍捕虜が処刑されたことなど知らないだろう。そして、慰霊碑の由来も……。

「八人の予備士官のうち、処刑の実行者で現在生き残っているのは、私のほかに乙須（徳美・五乙出身）さんだけになってしまいました。六十年前、命令とはいえ、ここで私たちは米軍捕虜を処刑したんです。彼らも当時は私たちと同じ二十代の青年将校でした。山中に埋めた遺骸を、戦後になって掘り起こして荼毘《だび》に付し、市内の寺に埋葬したと聞かされました」

　四人はしばらく公園の木陰に置かれたベンチに腰掛けて、進藤の回顧談に聴き入っていた。福嶋も西久保も、油山事件についての真相を当事者の口から聞かされるのは初めてのことだという。八十歳を過ぎた二人は私以上に、進藤の回顧談に衝撃を受けたようである。進藤の話はさらに、戦後の人生にまで及んだ。

「戦後も辛い人生でした。油山事件は戦犯裁判になって、私たちは横浜のBC級戦犯法廷で裁かれました。昭和二十二年（一九四七）十二月、復員していた郷里の実家で逮捕され、すぐに巣鴨プリズンに送られました。裁判は昭和二十三年の秋から始まったと記憶しています」

　法廷の様子を前掲書『横浜弁護士会BC級戦犯横浜裁判調査』は、次のように記している。

〈横浜法廷には、軍事委員会の両脇に高さが四、五メートルもあろうかという大きな星条旗が置かれていた。傍聴席から正面を見ると、あたりを圧する迫力であった。まさに「法廷の

星条旗」は、これが占領地における軍事裁判であることを誇示していた〉
裁判はこのような雰囲気のなかで始まった。また、油山事件について同記録は「第二事件・空手・弓矢を試す」として解説している。
〈昭和二〇年八月一〇日、西部軍上層部の指示により、俘虜《ふりょ》八名を福岡市内の油山まで連れて行って処刑した事件である。
俘虜のうち五名は、日本刀により斬首された。残りの三名のうち二名については、当時士官が訓練をしていた空手の効果を試すために、まず空手による処刑が実施された。しかしそれはうまくいかず、結局日本刀で斬首された。この空手の訓練というのは、米軍が本土に上陸してきたときに、一般市民を装って米軍を襲い、後方をかく乱する目的でおこなわれているものだった。
また、残った一名も弓矢により処刑しようとしたが、これもうまくいかず、結局日本刀により斬首された〉
「裁判では、誰が処刑の指示命令を出したのかという問題がクローズアップされました。組織上、最高ポストにいたのは軍司令官の横山中将で、その下に参謀副長の福島少将、法務部長伊藤少将、そして西部軍の参謀副長だった友森大佐、あとは法務部の大尉クラスの将校です。私は少尉候補の見習士官で、中野出身者は丙出身の将校と戊出身の下士官の八名でした。

裁判ではベタ金をつけていた将官クラスや高級将校たちは『命令を出した覚えがない』『知らなかった』と言い逃ればかりして醜い姿をさらしていました。米軍の裁判官も、責任逃れをする、かつての指揮官連中を嫌悪していました」

進藤信孝の衝撃的な告白は、裁判の実態にまで及んだ。時間はすでに夕暮れどきになり、公園のベンチに座るのは我々四人だけであった。進藤の顔を覗くと、疲労の色が浮き出ていた。

「死刑から終身刑、さらに有期刑に減刑されました。その間、巣鴨にいたのは実質七年二カ月でした。獄中では歌を詠《よ》んでいました。そのとき詠んだ吟をまとめたのが、これです」

進藤が差し出した歌集には「巣鴨歌集」と表題がつけられていた。

最後に、取材当日、進藤が持参した経歴書の一部を掲げておく。

〈昭和十八年八月　学徒動員令により拓殖大学商学部一年を中途休学
同年十二月　久留米陸軍第五十四部隊（輜重隊《しちょう》）に入隊、幹部候補生として陸軍予備士官学校（久留米）を経て陸軍中野学校に入校

昭和二十年七月　九州地区遊撃戦指導幹部要員として西部軍管区司令部に配属。同司令部に於て米軍Ｂ29搭乗員処刑事件（油山事件）に処刑実行者として連座
昭和二十二年十二月　巣鴨拘置所に米軍戦犯として入所
昭和三十年八月　巣鴨拘置所より釈放〉

ＧＨＱ潜入工作

私が小俣洋三と初めて会ったのは、平成十五年（二〇〇三）の晩秋であった。大阪近郊にある小俣の自宅を訪ねた。突然の訪問であったが、小俣は私を部屋に招じてくれた。小俣は取材意図を熱心に聞いていたが、その時は「戦後のことは話せない」の一語で終わった。私はそれから二度三度と小俣の自宅を訪れた。そのたびに小俣は取材を断るわけでもなく、私を自宅に招じてくれた。だが、肝腎《かんじん》の戦後史については、頑《かたく》なに口を閉ざすのだった。

私が小俣に関心を持ったきっかけは、取材中に入手した二俣分校の卒業生たちが編集した「俣四会報　第七号」に小俣の寄稿した終戦秘話だった。小論には小俣の戦後史が綴られていた。四度目の訪問では、同期の國吉勇次の口添えもあり、小俣の態度は少し軟化していたが、やはり戦後史についてはなかなか語ろうとしなかった。

「先ほど國吉から電話がありました。今日は、東部ニューギニア戦線と台湾の高砂族《たかさご》の話をし

留魂祭の会場にて。左から小俣洋三、小野田寛郎、著者

ましょう。GHQの工作については、あなたが調査したことをお書きになればよろしい。国家の秘密はそう簡単に話せませんから……」

質問の前に釘《くぎ》を刺された感じで、取材が始まった。

小俣洋三は大正九年（一九二〇）生まれの申《さる》年。取材当時、八十四歳である。出身地は山梨県で、櫻と同じ盛岡の予備士官学校を卒業した。原隊である甲府連隊の隊付将校から参謀本部に選抜されて中野学校に入校したのは昭和十六年（一九四一）十月で、一年四カ月間の教育を受けた。小俣が学んだ実科は主に遊撃戦、いわゆるゲリラ戦の教育と訓練であった。

初陣は昭和十八年、第八方面軍（司令官・今村均大将）の指揮下にあった第十八軍（軍司令官・安達二十三中将）参謀部情報班であった。当時、東部ニューギニア戦線で米第七師団、英軍グルカ師団、豪州連合軍と対峙《たいじ》していたのは第二十師団の中井支隊（中井増太郎少将）で、小俣は後方の情報班から最前線の部隊に転属になった。

その部隊が台湾の高砂族の若者で編成された忍者部隊で、師団では正式にこの部隊を「特別義勇隊」と命名し、小俣は第二義勇隊長（第一義勇隊長は乙二特長出身の斎藤俊次中尉）に任命された。ジャングルでの戦闘は過酷だった。

「私は米軍の投げた手榴弾《しゆりゆうだん》を体に受けてしまいました。重傷でした。今でも手榴弾の破片が左の肺を中心にして、六カ所に埋まっています。摘出しないのは、助けてくれた高砂族の部下のことを忘れないためです。半世紀が過ぎても、冬には時々、胸の辺りが鷲摑《わしづか》みにあったように痛むんです」

小俣の話は、次第に熱を帯びてくる。高砂族がいかに勇敢で、ジャングル戦では天性の戦闘力を発揮するかを、自らの体験で語る。

「今の時代にこそ、台湾高砂族の活躍を語り伝えることが大事で、語り部になることが私の使命なのです」

東部ニューギニア戦については、従軍した四戊出身の田中俊男が著した『陸軍中野学校の東部ニューギニア遊撃戦』に詳述されている。

遊撃戦教育と泉工作

重傷を負った小俣は戦線を離れてマニラに後送され、現地の野戦病院で治療を受けた後、内地に帰還した。復帰した先は、中野学校の教官だった。実地教育に東部ニューギニア戦線で体験したゲリラ戦術を生かすことを期待しての配属だったようだ。

小俣は富岡校で遊撃戦の教育を担当した。中野学校では、遊撃戦を次のように定義していた。

〈予め《あらかじ》攻撃すべき敵を定めないで、正規軍隊の戦列外にあって、臨機に敵を討ち、あるいは敵の軍事施設を破壊し、もって友軍の作戦を有利に導くことである。

従って遊撃戦とは、遊撃に任ずる部隊の行う闘いであって、いわゆるゲリラ戦のことである〉(『陸軍中野学校』)

また、泉工作班の教官も務めた。このミッションについても同書に詳しく述べられているので、要点だけを記しておく。

〈本土決戦必至の判断に伴い、国内遊撃戦に備え、部隊行動を主体とする遊撃戦については各処在部隊、及び民間人を主体としたゲリラ戦に関する担当の要請あり、これに基づき

「泉」工作が生れた。泉とは完全地下に潜り、身分、行動を秘匿し、個人または少数の者が、全国至るところに地下より泉のように湧き出て尽きないゲリラ活動を行うところからつけられたものである。

　泉班は秘匿性の高いもので、工作のセンターを学校本部に置く予定で、学校内でも特定の者以外知らされていなかった〉

　泉工作とは米軍の本土上陸を想定して、中野学校で遊撃戦の教育、訓練を受けた戦闘員を全国に分散配置し、民間人有志を指揮してゲリラ戦を展開する作戦だった。小俣の担当は、泉班で学生に遊撃戦についての講義と実地教育を施すことであった。

　また、富岡校では終戦後の占領軍に対する監視計画も練られていた。この計画は、極秘のうちに一部の教官将校が立案していた。起案者は富岡校研究部に属して遊撃戦や国内総力戦の研究をしていた太郎良定夫少佐（乙一長）であった。計画の実施案とは次のようなものであった。

〈本計画の概要は、占領軍が国民の意志に反して国体の変革を強行するとか、日本民族に対して組織的又は政策的な虐待行為等を行う等、「ポ」宣言（引用者注・ポツダム宣言）並びに国際法に違反する行為をした場合、秘密的特殊の方法によって之《これ》に警告を与え、又は所要の抵抗措置を取り、それが中止されるまで執拗《しつよう》に続行する為の秘密組織をつくる。

但《ただ》し、本組織を以て地下武力組織とせず、努めて平和的市民生活を営みつつ、基盤の強化と向上を計り、占領政策の監視と対応策を研究し、必要な場合の具体的工作の実践に当たる〉（『陸軍中野学校』）

太郎良は、この計画書を参謀本部第二部第五課長の白木末成大佐に提出した。計画書は若松只一陸軍次官を通じて阿南惟幾大臣の許《もと》に上がり、大臣がこの計画に承認を与えたのは終戦二日前の昭和二十年（一九四五）八月十三日であったという。

だがこの計画は結局、GHQの占領政策が大きな混乱もなく進んだため、発動されなかった。

しかし、当初は内部でこの計画の是非を巡る対立があった。それは、占領軍による占領政策が明確に示されていなかったため、相手の出方を見極めてから態度を決するという方針が、この計画に参加していた将校たちの間で合意されなかったことにあった。

しかし、占領軍の日本進駐まで残る時間はわずか二日間。謀議の末、「占領行政を監視しながら事態の推移を見守る」という条件付きの合意事項を確認して、反対派の将校たちも計画の中止にようやく賛成したという。

占領軍監視地下組織

小俣に「占領軍監視地下組織計画」は中止になったのか、真偽を質《ただ》してみた。しかし「私はその計画については全く知りません」と素っ気ない答えが返ってくるだけであった。

私は質問の内容を変えて、小俣の戦後の生き方について問うてみた。

「戦後の一時期、私は〝死亡〟として、戸籍を抹消したんです。死亡届は中野学校から復員する見習士官に託して実家に届けさせました。あとで聞いた話ですが、死亡届を受け取った父は半信半疑で参謀本部に出向いて某参謀と面会し、私の死亡を確認したそうです。その時参謀に『今は本当のことは話せないので、葬儀だけは執り行うように』と言われ、葬式だけは出した、とのちに父親に聞かされました。

参謀に絶対他言を禁じられたので、父は死ぬまで他人に話しませんでした。さっそく墓を作り葬儀を行ったので、米軍のＭＰが七回も郷里に調査にきましたが、諦《あきら》めた様子でした」

戦後になって戸籍を抹消した小俣洋三。彼はなぜ、そうまでしなければならなかったのか。泉工作と占領軍監視地下組織が連動して戦後に発動され、その要員として活動するためだったのではないのか。それとも、中野学校出身者ということで、占領軍の厳しい探索から逃れるためだろうか。あるいは、別人になって地下に潜ることを計画していたのか……。

小俣の話を聞きながら、私の思いは次々と広がって行く。だが、小俣はそれ以上のことは口にしなかった。しかし、小俣は取材を受け入れた時「GHQの工作はあなたが調査したことをお書きになればよろしい」と謎をかけてくれたではないか。「俣四会報　第七号」に書かれた小俣の戦後史を分析してみれば答えが出るはず。

小俣の戦後史は、次の文章で始まっていた。

〈東京でいちばん安全な場所は何処かを考えた末、最も安全な場所はマッカーサー司令部であるとの結論に達し、早速マ司令部に就職の活動を始めた。当時、日比谷では連日マ司令部の要員を採用しており下見をした結果これを受ける決心をし申し込んだ。名前も職歴等一切創作で面接試験を受けた。担当は日系二世大尉と終戦連絡事務局職員（外務省）とでおこなわれた。内容はほとんど忘れたが一つだけ覚えていることは「君は英語を出来るか」という質問であった。

なぜこんな質問をするか考え、とっさに英語は全然解らないと答えた。不思議にも数百名の応募の内十名採用全員英語が解らぬ者であった。勤務場所はマ司令部経済科学局ESSマーカット少将の傘下で、三菱中八号館であった〉

ここで小俣は、いつの時期にGHQへの就職活動を始めたかは明かしていないが、GHQは占領初期の段階から日本人を雇用している。

たとえば、終戦時に連合国最高司令官（ＳＣＡＰ）ダグラス・マッカーサー元帥を神奈川県の厚木飛行場に出迎えた進駐軍連絡委員会委員長の有末精三参謀本部第二部長（この時は中将）の例がある。彼は、通称「Ｇ２」と呼ばれていたＧＨＱ参謀第二部のボス、チャールズ・Ａ・ウィロビー少将に請われてＧ２の歴史課に勤めることになる。

ほかにも、フィリピンのマニラへ降伏文書の交渉のため派遣された河辺虎四郎参謀次長（中将）や、支那派遣軍第二十二軍（田中久一中将）の指揮下にあった第三師団長の辰巳栄一中将、あるいは服部卓四郎参謀本部作戦課長（大佐）、中野学校の教官を務めたこともある杉田一次作戦班長（大佐）などの将官や高級将校が、有末と同じ歴史課に示し合わせたように就職した。彼らは旧陸海軍人の動向調査や、特務機関、憲兵隊、陸軍中野学校、軍の特殊研究所（登戸研究所や陸軍習志野学校など）に勤務していた人物のリストアップや能力評価、思想傾向の調査などに協力していた。

もっとも協力といっても、Ｇ２側にはデータベースになる個人情報がほとんどなかったため、旧軍人の協力を得なければ調査が進まなかったことも事実だ。占領政策を円滑に進めるため、ＧＨＱの各セクションが占領初期に積極的に日本人を雇用したのも当然の帰結であった。

なぜ潜入したのか

小俣は事前に下見するほどの周到な計画をもって、経済科学局（ＥＳＳ）に就職していた。ということは、小俣がＥＳＳに勤務したのは戦後間もない昭和二十年（一九四五）の年末ということになる。中野学校が解体して早くも四カ月後にはＧＨＱの中枢に潜入していたのである。それにしても大胆な発想である。「木を隠すなら森へ」の譬《たと》えを実行したのだ。

ＥＳＳはＧＨＱ幕僚部の指揮下にあり、他の部局には民政局（ＧＳ）、民間情報教育局（ＣＩＥ）、天然資源局（ＮＲＳ）、民間諜報局（ＣＩＳ）などがあった。また、参謀長直轄の組織として参謀第一部から第四部までがあり、なかでもＧ２と呼ばれていた参謀第二部はアーリィ・Ｒ・ソープ准将が率いるＣＩＳとは犬猿の仲だった。ＣＩＳはメディアの検閲や電話盗聴、日本人の思想動向調査を行っており、情報収集の現場でＧ２と対立することが多かったのだ。

小俣が就職したＥＳＳの占領業務は、経済・産業・財政・科学の分野でＧＨＱに助言と提言を行い、財閥解体や税制改革を通じて経済の民主化を図ることであった。当然ＧＨＱ首脳部との情報交換も頻繁に行われていて、事務処理には最新のＮＣＲ製パンチカード・システムを持ち込んでいた。

小俣は「終戦秘話」に、ＥＳＳに潜入したときの様子を書いていた。

〈仕事は、三十三台のパンチカード機に英文で書かれた各種の資料を打刻する日本人女性の監視及び資料の流出防止であった。元来、この仕事に甘んずる意味がなく夜勤には黒人のＭＰ（米軍の憲兵）の寝ている間に資料を盗読する事は怠らなかった〉

小俣の仕事は、タイピストを監視し、資料がオフィスから持ち出されるのをチェックすることであった。しかし、小俣の本来の目的は、オフィスに飛び交うＥＳＳの文書を密《ひそ》かに読み込むことにあった。その時間は夜勤を狙って、ＭＰの仮眠中に行われていた。そのテクニックには、存分に中野流が発揮されていたのではないか。

続いて「終戦秘話」には次のようなことが書かれている。

〈偶偶《たまたま》昭和二十四年夏に戦犯リスト並その調査資料を見付け自分の名前も郷里に行って調査の記録もあり驚き且《かつ》不思議に思え、之以上マ司令部に居る事は身辺の危険もそう遠くない時に来るように思い、昭和二十四年のクリスマスの休みを利用し無断でマ司令部を退職し、宿泊していた当時の下宿先には東北の親類に身を寄せる旨を告げて身辺の資料を焼却し、当時山科《やましな》に住んでいた國吉君の許《もと》に身を寄せた次第〉

小俣は昭和二十四年（一九四九）のクリスマスに、ESSからドロップアウトした。それは、戦犯リストに自分の名前が載っていたからだと告白している。閲読した戦犯リストには、当然、他の戦犯指定者の名前もあっただろう。資料は下宿で焼却したとも書いているが、その内容を焼却前に筆記していたことが想像できる。

では、小俣は収集したESSの内部資料をどのように活用していたのか。また、外部の同志とは連絡を取りあっていたのだろうか。私は小俣の父親に「今は本当の事は話せない」と言ったという某参謀のことを問い質してみた。しかし、小俣はその質問には一切、答えなかった。その姿勢には〝中野は語らず〟の遺訓を頑なに守る精神の強靭《きょうじん》さが見てとれた。

しかし私には、小俣が戦犯リストを探すためにだけESSに就職したとはどうしても考えられないのである。就職の目的は、潜入工作だったのではないか。しかも、外部の支援組織、いうなれば中野学校が温存した秘密組織が少数でも存在していたからこそ、潜入を果たせたのではないか。そして、その支援組織とは、某参謀をリーダーとした「占領軍監視グループ」だったのではないだろうか。

その根拠は前述の「占領軍監視地下組織」計画にある。そこには「占領政策の監視と対応策を研究し、必要な場合の具体的な工作の実践」という記述があり、小俣は「具体的工作」の実践者としてGHQに送り込まれた諜報員だったと思われるからだ。

また、小俣はＧＨＱ潜入工作について、ごく親しい関係者に「参謀本部からの密命があった」と語っていた。

小俣がＥＳＳに潜入していた期間は四年間であった。また、小俣はＥＳＳを撤収する理由として「戦犯リストに自分の名が載っている」ことを挙げていた。収集した資料は焼却してしまった、とも書いていた。しかし、筆記したであろう資料は手元に残して活用したということも、充分あり得るのではないか。

中野学校で泉工作を担当し、ゲリラ戦を指導してきた小俣は、戦後四年間ＥＳＳに潜入して内部情報を入手していたのではあるまいか。おそらく、この計画に参加した組織には別動隊も存在し、小俣のグループと連携しながらＧＨＱの「奥の院」であるＧ２やＣＩＳに潜入していたことは容易に想像できる。

では、肝腎の工作資金はどのように用意したのか。興味ある記録が残っていた。その記録を遺《のこ》したのは、小俣の四期先輩に当たる一期生の山本政義少佐で、富岡校では学務主任のポストに就いていた人物である。記録には次のような記述がある。

〈（昭和二十年八月十五日）午後四時から、将校一人一人校長（山本敏少将）に呼ばれ、坂本中佐立ち会いの上、将来のことについて内示あり。工作費として金一封宛てを、又秘密通信用として、インク及び特殊便箋《びんせん》が渡された。この金こそ、太郎良君たちが話していたもので、参謀総長は将来の国家再建秘密工作資金として、中野学校に一括交付、坂本中佐が代表して受領した金であったと思う〉（「中野交友会会誌　第二九号」）

ここで山本少佐が記している「坂本中佐」とは、富岡校の幹事代行を務めていた坂本亮雄（陸士四十期）である。「国家再建秘密工作資金」なる軍資金は、参謀本部が「占領軍監視地下組織」の構築や「泉工作」を実行するための工作資金として、あらかじめ予算からプールしておいた金ではなかったのか。いい換えれば、参謀本部もそれだけ中野学校出身者に期待することが大きかったといえる。

小俣は工作資金については全く触れていない。それと同志の名も。だが、「俣四会報」には、富岡校の解散式にあたって学生六百人に一人一万円の旅費を支給したとある。この金も国家再建秘密工作資金の一部を充てたものであろう。

〝国家の秘密〟

この国家再建秘密工作資金の線を追ってゆくと、中野学校の関係者では、前出の太郎良少佐や山本少佐、坂本中佐、それに学生隊付の八木正三郎大尉（陸士五十六期）、参謀本部関係者では白木末成ロシア課長などの名が出てきた。小俣が名を明かさない「某参謀」とは、この白木大佐のことではないのか。白木大佐は太郎良が起案した計画の詳細を熟知している。太郎良は階級では小俣の上官になるが、富岡校ではお互いにツーカーの間柄であった。

小俣には戦地でのゲリラ戦の経験もあり、また、富岡校では遊撃戦の実働部隊である「泉班」の教官もしていた。そんな経歴の持ち主である小俣を白木に紹介したのが太郎良だった、という図式が成り立つ。終戦時、小俣の階級は大尉で、同志と思われる人物も大尉、少佐、中佐といった中堅将校だった。年齢も二十五、六歳から三十歳までの、血気盛んな少壮軍人である。

小俣は四年間、ＥＳＳに潜入していた。ＧＨＱから貰《もら》う給与がどの程度の金額であったかは分からないが、支援グループが管理していた軍資金から工作資金の提供があったとしても、不思議はあるまい。私は小俣に何度も組織や同志の名、それに工作活動の実態を質してみた。だが、小俣からは〝国家の秘密〟という常套句《じょうとうく》が返るばかりであった。

私は小俣が繰り返し口にする〝国家の秘密〟とは、小俣個人による〝戦犯リスト〟の探索だけが目的だったとは、決して理解していない。おそらく、ＧＨＱ潜入工作を計画したのは小俣個人ではなく、組織的なグループだったのだろう。それは、中野学校の卒業生と参謀本部の一部将校たちが計画したものだったと推測している。

前述したように、工作の対象はＥＳＳに限らず、別動隊がＧＨＱの他のセクションにも潜入して情報収集に当たっていたのではないのか。実行者である小俣が自ら潜入工作の実態を話してしまえば、関係者にも累が及ぶことを危惧《きぐ》しての黙秘であると、私は小俣の胸の内を想像した。小俣は黙秘する理由として〝国家の秘密〟を持ち出したのであろう。

小俣は「俣四会報」に戦後秘話を記した。この小文からだけでも、中野学校の卒業生が戦後、なにをやっていたのかが垣間《かいま》見えてきた。私は小俣の取材を通して、中野学校の戦後史により関心を持った。だが反面、小俣が記した戦後史は表層的な事実を述べたに過ぎず、真相はまだまだ伏せられているとも実感したのである。

だが、小俣と会ったことは、私に一つのヒントを与えてくれた。小俣の口癖であった〝国家の秘密〟に込められた意味が、戦後の未解決政治事件に結びついたのである。

小俣への取材は目的を達したのか、それとも失敗だったのか。本人の口から戦後史を語ってもらうことはできなかったものの、私は集めた資料を元にＥＳＳ潜入工作を推理して、小俣に話している。しかし反応は「無言」だった。

闇の戦後史に中野学校は組織として、あるいは個人としてどのように関与していたのか。今回の取材でも、入り組んだ人脈と組織の繋《つな》がりを解き明かすことは、ジグソー・パズルのピースを一つずつ組み立てるような作業だったが、パズルを完成するまでには至らなかった。しかし、潜入工作の構図がパズルの上に浮き上がってきたとはいえるだろう。その構図とは、中野学校卒業生による戦後の諜報活動であった。それも、小俣を支援するグループが存在したというのが、私の結論である。

小俣は最後まで潜入工作については明かさなかった。取材ノートには、これまで調査してきた中野学校の戦後が書き連ねてある。取材した相手は一期生から在校中に終戦を迎えた九丙まで、その数二〇名余りを数えていた。

また、集めた資料も段ボール箱二個分になっていた。それは写真、文書、名簿、日記、地図、会誌など様々なもので、中には貴重なオリジナル資料も混じっている。それらの資料のなかからいくつものデータを繋ぎ合わせて中野の戦後史を分析してみると、対ＧＨＱ工作や、卒業生で戦後、行方不明になってしまったと思われる人物が浮き上がってきたのである。

のちのことになるが、取材の過程で私は思わぬ人物と出会うことになる。それは、「下山事件」を詳しく知る男である。彼は戦後、ＧＨＱに関わっていたという。その人物は戦後、中野学校出身者とは一切、関係を絶っていた。私は小俣の口癖だった〝国家の秘密〟の意味を何度も、反芻《はんすう》してみた。それは、下山事件と密接に関わる中野学校「不明者」の秘密ではなかったのかと推理した。

第四章　下山事件との関わり

下山事件

戦後、GHQ占領下の日本で起きた不可解な事件に、下山・三鷹・松川の三大事件がある。いずれの事件も、背景には国鉄の労使問題があった。

三鷹事件（昭和二十四年七月）では共産党労組員九名と竹内景助が逮捕され、最高裁は首謀者として竹内被告の単独犯を認定して死刑判決（再審請求中の昭和四十二年に獄中死）を下し、他の九人の被告に無罪を言い渡した。

松川事件（昭和二十四年八月）では、事件から十四年後の昭和三十八年（一九六三）九月、最高裁判決は検察側の上告を棄却し、「有罪の証拠なし」として二〇名の被告全員に無罪を言い渡した。

当時、日本ではインフレや労働争議が頻発していた。保守政権は危機的状況に見舞われ、政治、社会は混乱の極みにあった。そんななか、戦後最大の政治的未解決事件とされる下山事件が昭和二十四年（一九四九）七月五日に起きた。

当時の国鉄総裁下山定則が、常磐線綾瀬駅の近くで翌六日に礫断《れきだん》死体で発見された。この事件については、当時からGHQの陰謀説、共産党員による殺人説、旧陸軍の特務機関員グループによる謀殺説などがマスコミを通じて広く流布されていた。司法解剖では、東大の「死後礫断」と慶大の「生体礫断」が真っ向から対立して、世間の関心はいやが上にも高まっていた。

警視庁捜査第一課は自殺の線で捜査を進めたが、第二課は逆に他殺の線で捜査を進めていた。その上、捜査を混乱させてしまったのが、警視総監田中栄一の「自殺とも他殺とも取れる」曖昧《あいまい》な記者発表であった。ゆえに、事件に対する政治的な圧力までが取り沙汰《ざた》された。さらに、GHQによる捜査への干渉と妨害があったといわれる。

結果からいえば、警視庁捜査一課が「事件性なし、自殺」として処理し、捜査に幕を引いてしまった。時効は昭和三十九年（一九六四）七月五日で、今年（平成十七年）で事件発生から五十六年を迎えるが、下山事件は今日に至るも「自他殺不明の未解決」事件として真相は闇のなかにある。

情報提供者

平成十六年（二〇〇四）八月、私は別件で米国取材をしていた。その時、道中の空いた時間に読もうと何冊かの文庫本を持参していたが、そのなかに『謀殺　下山事件』（矢田喜美雄、新風舎文庫）も入っていた。

私は渡米前、徳島で三丙出身の前沢（仮名）に匿名を条件にインタビューしていた。そして、その本の前沢が指摘してくれた箇所に、鉛筆で傍線を引いておいた。前沢との出会いは拙著

『昭和史発掘　幻の特務機関「ヤマ」』（新潮新書）が縁になった。彼から突然「本を読みました。下山事件に関心があれば一度、徳島へ来ませんか」という誘いの電話があり、先方を訪ねたのだ。

その前沢を取材したときに、彼が蔵書から抜き出して見せてくれたのが、三十一年前にハードカバーの体裁で刊行されていた『謀殺　下山事件』であった。その本はだいぶ読み込まれていて、随所に赤鉛筆で感想らしき文章が書き込まれていた。前沢が示した文章は、次のように記述されている。

〈海烈号事件の張本人七名を一網打尽にしたCICフジイという男については、CICのなかでどんなポジションにいたのか、そのへんのことを正確に知りたいと思って調べているうち、フジイといっしょに働いていたという人が、ハワイにいることがわかった。ハリー・シユバック氏で、同氏は、占領中G2公安課に勤務していたといい、フジイは藤井正造というのが本名で、一九二〇年の生まれ、陸軍中野学校卒業、事件ころの所属はG2で公安課の通訳が正式の職名、別に「下平」＝シモダイラという姓をも名乗っていたという。

このフジイは占領軍情報部の上司に頼まれて戦後日本に残っていたあらゆる右翼の調査もしていたようである。したがって彼には多くの右翼や国粋主義者の友人ができた。三上卓氏

〈故人〉とも交友が生まれ……〈後略〉〉

前沢はインタビューの折り、この箇所について解説してくれていた。

「G2公安課は、戦後、日本の新警察制度の実施状況を監督したり、刑務所行政の監視、右翼と結びつくヤクザ組織の情報収集などを担当していました。また、ハリー・シュバックは中野学校卒業生の藤井正造なる人物を知っていたと証言しています。これは肝心なところですが、この藤井正造は移民として渡米し、向こうで大学を卒業して市民権を取り、戦後GHQの要員として来日したという人物なのです。

下平がフジイの名前を使っていたことは聞いていません。本名で行動していたはずです。海烈号事件は下山事件の一カ月のちに起きた中華民国船籍の密輸事件ですが、背後にはCICとキャノン機関、旧軍の特務機関員や右翼人脈も絡んだ複雑な事件でした。それに五・一五事件で検挙された三上卓も参加していました。そして、フジイはこの事件の背後関係を洗っていた人物なんです」

当時の新聞は事件を次のように報じている。

〈三上卓、坂田誠盛等を主犯とする「海烈号」事件については現在、横浜の第八軍軍事裁判で審議中であるが、八月二十四日の総司令部渉外局発表によれば、香港から鉄鉱石を運んで八月十三日川崎の日本鋼管埠頭《ふとう》に入った中華民国招商局所有船海烈号（七二三三トン）を密輸の嫌疑で捜査したところ、ストレプトマイシン、ペニシリン、サッカリン、布地など価格にして二十万ドルあまりの密輸入品を押収したとのことである〉（「毎日新聞」一九四九年八月二十五日付）

〈この密輸団の中心人物は、戦後右翼再建の首謀者であった五・一五事件の三上卓（四三）と、これも右翼再建の資金関係の中心にいる祐誠ビルの主坂田誠盛（五〇）であり、三上自身が『今回の密輸の目的は、かねての所信を実現するための資金調達であった』と自白しているとのことである〉（同紙同年十月三十日付）

記事にあるように、前沢の解説は事件の核心を衝《つ》いていた。さらに、これは米国取材で分かったことだが、前沢は「藤井正造」が日系一世で中野学校の出身者でないことまで承知していた。そして、その正体までも……。

アメリカに住む中野学校卒業生

私は米国取材で時間を割いて、中野学校の卒業生の所在を追ってきた。情報を提供してくれたのも前沢で、彼は米国に現在でも三人の元中野学校卒業生が生きていることを示唆した。一人はカリフォルニアにおり、もう一人がニュージャージー、そして残る一人がバージニアであった。

また、前沢はフジイのことも知っていたが、藤井正造は十二年前にワシントンDCの郊外の町ベセスダで亡くなっていた。この町には退役軍人や政府機関に勤めたリタイア組が多く住む。藤井は終戦後、GHQのG2でSPD（公安課）に勤務していた人物である。彼のことを前沢は知っていたのである。

私はワシントンに滞在中、三人の中野学校卒業生に連絡を取ることを考えていたが、もし彼らが現在でも連絡を取り合っていれば、当然、東京からの未知の訪問者を警戒するはずだ。そこでまず、ワシントンから最も近いポトマック川の西側、バージニア州に住む吉田（仮名）の自宅を、アポイントメントなしで訪ねることにした。

吉田の自宅は、道路に面して塀もない芝生のなかに建つ、石造り二階建ての瀟洒《しょうしゃ》な作りの建物であった。私は、ドアのノッカーを叩《たた》く時、緊張していた。吉田は果たして会ってくれるのだろうか。どんな人物なのか。なにから質問すべきなのか。そもそも、吉田は間違いなく中野学校の卒業生なのか……。ドアの外で待つ間、頭のなかを次々と質問したいことや確認したいことが錯綜《さくそう》する。

ドアの内側から、足音とともに、英語でこちらの身分を尋ねる声が聞こえてきた。私は日本語で答えた。ほとんど同時にドアが開かれた。私より十センチは背丈のある眼鏡をかけた白髪の老人が、Tシャツにジーンズ姿で現れた。髪にはきれいに櫛《くし》が入れられている。

「吉田さんですね。元陸軍中野学校を卒業した……」

私はそこまで喋《しゃべ》り、唾《つば》を飲み込んだ。

「そうですが、あなたはどなたですか」

吉田は私の顔をジッと見つめ、こちらの言葉を待っているようだった。

私は質問した。中野学校時代のこと。そして、どうして戦後、米国に渡ってきたのかを。

「あなたにお話しすることはなにもありません。憶測で記事を書けば法的手段を取ります。日本語の情報などは、インターネットで簡単に取れます」

吉田は「中野学校卒業生の吉田さんですね」という質問には頷《うなず》いた。経歴はまず、間違いあるまい。

しかし、会話はそれ以上続かなかった。私は「いずれまた、お邪魔します」という言葉を残して吉田宅を辞した。

前沢の情報通り、確かに吉田はバージニア州の静かな町に住んでいた。年齢を確認しなかったが、八十歳を超えているだろう。私は短時間だが、吉田と会い、会話を交わした。だが、取材は不首尾に終わった。確認できたのは、吉田が陸軍中野学校の卒業生だったことだけである。

彼の表情を思い出してみた。プレートに本名が書かれていたので、名前を呼んだことには、吉田はさほど驚かなかっただろう。だが、「陸軍中野学校」の名を出した途端、動揺の色が表れたように感じた。

吉田は、ほかの二人に連絡を取ったのではあるまいか。おかしな日本人が訪ねてきたことを。

私は吉田の取材結果を踏まえて、他の二人に連絡を取ることを断念した。

ＧＨＱのインテリジェンス・ビル

米国から帰国してまず、前沢に連絡を取り、徳島で会うことを了解してもらった。まだ残暑も厳しい九月上旬、前沢とは三カ月ぶりの再会である。

「いや、素早い動きですね。ワシントンへ行かれたとは……」

私は取材結果を簡単に説明した。門前払いになったことも。

「でも、吉田さんは中野学校出であることを認めたのでしょう。ならば、取材は成功ではないですか」

私は、吉田を訪ねた理由が下山事件にあることを告げて、前沢の答えを待った。

「彼が下山事件の関係者ですか。それは、私には分かりません。彼の住所を教えたのは、戦後も、付き合いがあったからです」

前沢は吉田の情報をもっているのだろうが、情報を明かしてくれない。前沢の表情を窺《うかが》ってみる。そこには「そう簡単に手のうちを明かせませんよ」という意志が読み取れた。二人の間にすこしの間、沈黙が流れた。それは、「米国の話は終わり」という前沢の意思表示でもあったようだ。

前沢が先に口を開いた。

「ところで、前回お会いした時は私のことはあまり話しませんでしたが、あなたがあまりにも中野学校の戦後に熱心なので、参考までに、私の経歴もお話ししておきましょう」

こうして前沢は二回目の取材で、自らの戦前・戦後史を語り始めた。

大正九年（一九二〇）七月生まれの八十四歳であるという。

「前回、お会いしたときに話したと思いますが、わたしは三丙出身です。戦後はいろいろありまして、中野交友会のメンバーにも入っていませんし、中野の連中とは付き合いがないのです。わたしは予備士官学校を出て中野に入り、卒業したのは昭和十七年（一九四二）の十一月でした。中野の連中でも、わたしがここに住んでいることを知っている者は誰もおらんと思います。いうなれば世捨て人ですよ」

前沢は卒業後、関東軍情報部に配属され、ハイラル支部に転属した。ハイラルは当時満州国の領土で、蒙古とソ連国境に近い場所にあるため、対ソ情報を主に担当していた。ハイラル支部といえば、ハルビンに本部を置いていた関東軍情報部の十四の支部の一つで、ソ満国境の満州里も管轄していた。また組織上、ハイラル支部も他の支部同様に「特務機関」の名が付せられており、最後の情報部長が先述した秋草俊少将であった。

前沢の話は復員、そして戦後の時代へと続いた。

「あなたがワシントンで探した下山事件の関係者フジイ。彼はG2で働いていましたが、下平という変名を使ってはいませんでした。下平は別人です。ここでは仮に奥山としておきます。その人物はわたしの後輩で二俣の一期生でした。

彼と戦後初めて会ったのは、東京のCIC本部でした。CICという組織は、日本語で対敵諜報部隊と呼ばれていましたが、ここはG2が指揮していたZユニット、いわゆるキャノン機関とも深く関係しており、ボスはジャック・キャノン中佐でした。Zユニットは、誘拐や共産党員の拉致《らち》、あるいは日本人高官のスキャンダル捜し、などのダーティな仕事に携わっていました。メンバーには二世が多く、超法規的な力を持っていて、私は彼らとも付き合っていました。

奥山は、公安課では日本名のＩＤカードで働いている、と話していました。お互いに中野学校卒業という気安さもあって、再会以来、郵船ビルのバーでよく飲んだものです。そのとき彼の口から、下山事件のことを聞かされたんです」

私は前沢の話に引き込まれていた。彼はCICやZユニットのことをよく知っていた。また、奥山とは郵船ビルのバーでよく飲んでいたとも語っている。郵船ビルとは当時、東京駅前にあった日本郵船ビルのことで、G2局長のチャールズ・A・ウィロビー少将が著した『知られざる日本占領』(番町書房)から、このビルの特徴を紹介してみることにする。

接収した建物は一階が庶務、警備、行政関係用に使われ、二階が通訳翻訳課(ATIS)と心理作戦課、地勢情報課、それにラジオ放送局の「ヴォイス・オブ・アメリカ」が置かれ、三階にはCISの民間検閲課(CCD)、公安課(SPD)、戦史編纂《へんさん》課があった。そして四階は軍事情報課(MIS)と技術情報課(TIS)の専用であったが、昭和二十三年(一九四八)には総合特殊作戦本部(JSOB)が設置された。このJSOBにはZ機関(キャノン機関)や八一七七(総合偵察)部隊、八二四〇(特殊諜報)部隊が属していた。また、昭和二十五年にはCIA長官のウォルター・ベデル・スミス中将の要請で、資料調査局(DRS)に名を変えていたCIA極東地区担当官に部屋を提供している。

五階には、ウィロビー少将の部屋と情報参謀次長室、会議室、一般無電班室、特殊無電班室、暗号解読班室などがあった。

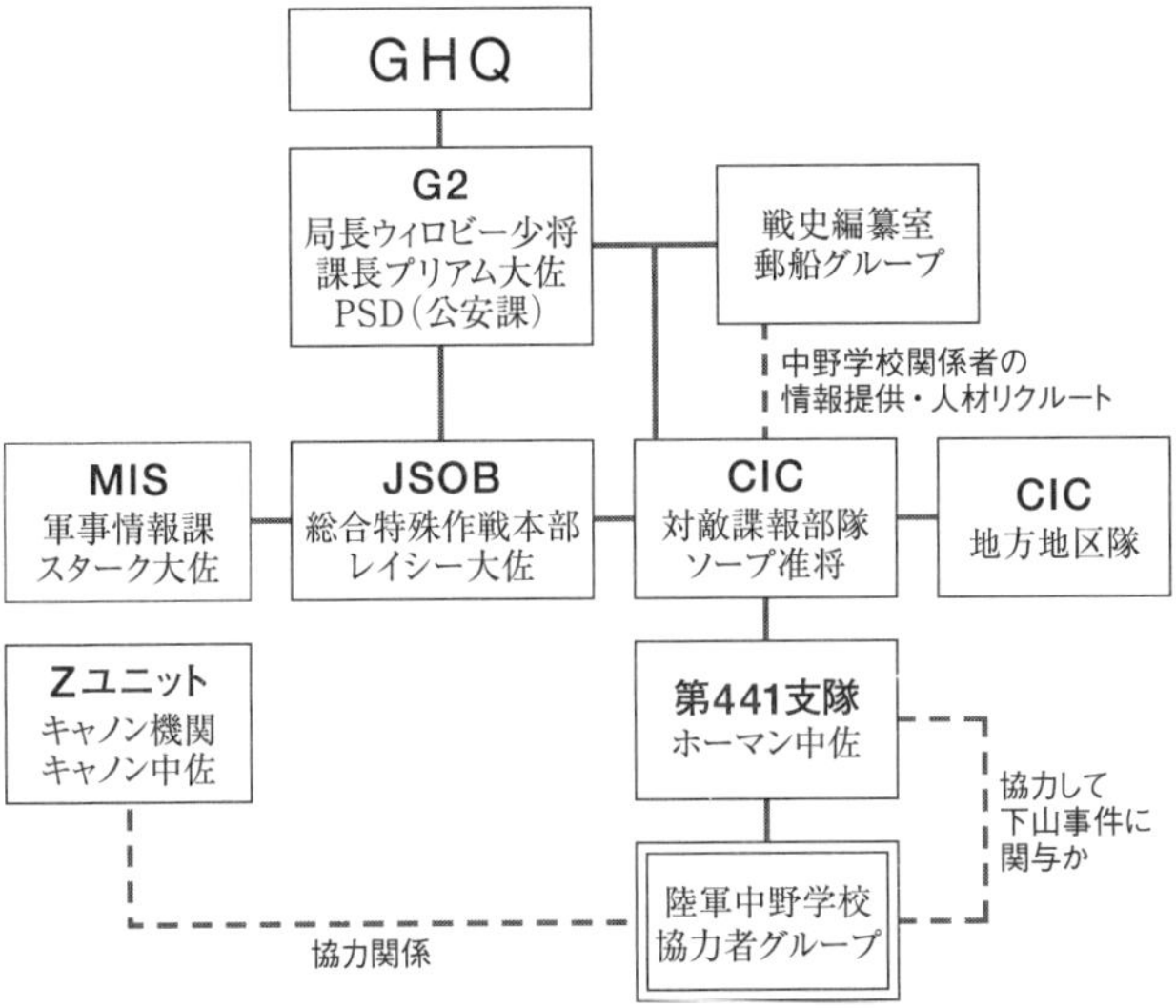

一九四七年当時のGHQ諜報・謀略関係図（前沢の証言をもとに作図）

郵船ビルは、まさにGHQのインテリジェンス・ビルで、日本全国を監視する情報センターになっていた。三階の戦史編纂室は、先述の有末精三らが働いていた「歴史課」のことだったようだ。

この「歴史課」には有末や河辺、服部のほかにも陸海軍の佐官と尉官の旧軍人二〇名余りが働いており、そのなかには中野学校の教官をしていた前出の杉田一次大佐（陸士三十七期）や藤原岩市中佐（陸士四十三期）も含まれていた。

奥山と前沢がGHQの中枢組織が入っていたこのビルで親しく話をしていたことに、私は驚愕《きょうがく》してしまった。奥山を前沢が知っていることに……。いや、それよりも、藤井と下平は全くの別人で、前沢が親しくしていた奥山は中野学校二俣分校の出身であるということに。中野学校の出身者がＧＨＱの諜報機関で働き、下山事件にも関係していたとは……。

私は前沢に、奥山の生死について何度も確認した。だが、彼は奥山のプロフィールを語るだけで、肝心の仕事内容については教えてくれなかった。その代わりに教えてくれたのは、奥山が長野県出身という情報だけであった。

私は質問を変えて、前沢のＣＩＣ時代の仕事について質してみた。

「ＣＩＣに勤めたのは昭和二十二年（一九四七）でした。紹介者は当時、郵船ビルの歴史課に勤めていた有末さんです。有末さんは終戦時の参謀本部第二部長で、情報部門の責任者。ウィロビーに絶大な信任がありました。有末さんらは特務機関関係者や中野学校関係者をリクルートして、Ｇ２の下請けをやっていたんです。ＣＩＣもその一部門でした。しかし、公安課は直接、下山事件にはタッチしていなかったはずです」

前沢も有末精三の名を出した。そして、彼も有末から職場としてＣＩＣを紹介されたという。その有末が、かつて「朝日ジャーナル」の座談会「元日本軍高級参謀とＧＨＱ」のなかで、戦史編纂室に勤めた経緯を語っていた。

〈私を進駐軍の顧問という形で、「日本陸軍に対するハイ・ポリシーに関しては有末だけだ」

とウィロビーは言いだすんです。まあ強引な男でしたからね。

私は進駐軍による調査活動に、G2があったあの郵船ビルで協力することになった。それが二十一年の六月でした〉（一九七六年五月七日号）

同誌には「歴史課」のメンバーが写真で紹介されていた。撮影年は昭和二十五年（一九五〇）四月となっている。そのなかに中野学校関係者は藤原岩市一人だけが納まっていた。他の中野関係者が写っていないのは、理由は分からないが欠席したためであろう。

いずれにしろ、藤原や杉田が歴史課で働いていれば、中野学校の関係者で使える者をリクルートしたとしても、なんら不思議ではあるまい。

前沢も働いていたというCIC。この組織の初代ボスはアーリィ・R・ソープ准将であったが、彼は女性問題と公金横領の嫌疑で罷免されている。後任にはホーマン中佐が就き、部員は主に日系二世の将校で構成されていた。そして、彼ら日系二世が日本人を使って、戦犯の追及や逮捕、国家主義者や右翼、共産主義者、在日朝鮮人、進歩的文化人たちの思想傾向調査などをしていた。上級機関は、占領初期のころは民間諜報局（CIS）で、東京本部は第四四一支隊が担当し、ほかに全国主要都市の六十一地区に分隊が置かれていた。

前沢が有末の紹介で就職した時期は、ホーマン中佐がCICの責任者になっていた時代であった。

奥山を訪ねて

徳島から戻ってきた私は、前沢が教えてくれた二つの情報を中野学校卒業者名簿で当たってみた。一つは藤井姓と奥山姓に該当する人物がいるかどうかであった。しかし、名簿に藤井正造の名はなかった。また、藤井はすでに死亡していることを米国取材中に確認しているので、次に精査したのは奥山だった。

「オ」の欄を丹念に拾ってみると、一人だけ奥山の名が載っていた。その人物は、前沢が語っていたように、確かに三十年前にフィリピンのルバング島から生還した小野田寛郎少尉と同じ二俣分校第一期生で、在校中はゲリラ戦の教育と訓練を受けた秘密戦士であった。年齢も大正十年（一九二一）生まれで藤井正造とほぼ同年代。出身地は長野県下伊那《しもいな》地方であった。

私は二人のことを調べているうちに興奮してきた。前沢の証言に嘘はなかった。しかし、前沢がヒントを与えてくれた奥山は、果たして今でも故郷で老後を過ごしているのだろうか？

私は矢も盾もたまらず、名簿に載っている奥山の住所を訪ねることにした。

電話帳で奥山姓を調べてみると、四十軒余りが登録されていた。前沢が教えてくれた奥山家は確かに存在した。

私は奥山家を訪ねるために現地に向かった。十月下旬の山間《やまあい》の村は午後三時を過ぎると、釣瓶《つるべ》落としの秋の気配が色濃く漂っていた。

奥山家は豪壮な造りの田舎家であった。私は意を決して土間に入り、身分を名乗った。三度声をかけると、奥の方から女性の声がした。出てきたのは品のいい女性であった。私は名刺を渡して「奥山さんの奥様ですか」と念を押し、訪問の目的を告げた。

夫人の顔は戸惑いと警戒心を露《あら》わにしている。それは当然だろう。未知の人間が突然訪ねてきて主人のことをあれこれ尋ねたのだから……。

「主人は八年前に肝臓ガンを患って亡くなりましたが、主人とはどんな関係なのですか」

私は中野学校二俣分校のことを持ちだし、「俣一会報」の話をした。夫人は少し安心したらしく、強張《こわば》っていた表情も和んできた。私は勧められるまま畳に腰を下ろした。

「中野学校のことをお調べとはご苦労様ですね。ところで、主人のなにをお聞きになりたいのですか」

私は率直に奥山の戦後のことを問うてみた。

「主人の戦後のことはほとんど知らないのです。帰ってきても二、三日家にいると東京に戻ってしまい、東京時代のことはなにも教えてくれませんでした」

夫人は亡夫のことはなにも知らなかった。私は話題を変えて、前沢が中野学校の先輩であることを告げて、二人の交友関係について質してみた。

「その方の名は、主人から二度ほど聞いたことがありますが、お付き合いのほどは全くわかりません。前沢さんは主人となにか関係のある方なのでしょうか……」

夫人は前沢に関心を持ったようだが、亡夫と前沢の繋《つな》がりについては覚えていない。夫人の話によると、奥山と結婚したのは一九四八年夏。下山事件が起きる一年前で、当時、奥山は二十六歳だった。夫人の記憶にある奥山は、結婚後もちょくちょく上京していたという。だが、どんな用向きで奥山が上京していたのかまでは知らなかった。

残念ながら夫人の知っている奥山の経歴は、出身校や実家の家業のこと、それと中野学校二俣分校に入校した程度で、戦後生活についてはほとんど何も知らなかった。

「主人は二俣のことを話したことはありません。同期の小野田さんがルバング島から帰ってきた時に、テレビを観ながら『あいつは、俺と二俣の同期なんだ』と独白したくらいです」

奥山は八年前に亡くなっていた。彼がどのような伝《つて》でG2公安課に就職できたのかは不明で、前沢と奥山の繋がりを証明できる資料は実家にもなかった。あとは前沢から直接二人の関係を教えてもらう以外に方法はない。前沢は核心部分を証言してくれるだろうか。あるいは、ほかに真相を明らかにする手立ては残されているのか。

気負って下伊那に取材に来ただけに、私は結果に落胆してしまった。帰路、最寄り駅の伊那大島の公衆電話から、前沢が夕食の時間で在宅している刻を見計らって連絡を入れた。前沢は在宅していた。私は取材の顚末《てんまつ》を報告した。

「そうですか、奥山は亡くなっていましたか……」

そのあと僅《わず》かな時間だが、前沢は言葉を絶った。そして、

「実家をよく突き止めましたね。私が与えたヒントは長野県出身と、二俣分校一期生ということだけでした。どうやって、奥山の実家を短時間で割り出したのですか」

前沢は詰問口調になっていた。そして、電話口の向こうで次の言葉を探しているようだった。

私は、ズバリ質問した。

「前沢さん、あなたは奥山が亡くなっていることを承知で私を実家に誘導したのではないですか。本当は、あなたが下山事件の真相を知る当事者ではないのですか……」
五、六秒の間、前沢は無言だった。そしておもむろに、
「八十四歳。私にも、まだ若干の時間が残っています。もう一人、真相を知る人物が秋田にいます。その男と相談してみます。もうしばらく時間を下さい」

前沢の言葉はここで終わった。私はリダイヤルしなかった。と同時に、私は前沢が「下山事件」の真相を知る有力な人物であることを確信した。やはり下山事件に陸軍中野学校卒業生が関与していたことは間違いあるまい。

さらに、前沢の口から初めて出た秋田の人物……。私の質問に、前沢が咄嗟《とっさ》にその人物の名を口にしたとは思えない。よほど親しい人物なのであろう。早く会ってみたい。その人物と……。

点と線を結ぶ

下山事件をテーマにした小説や評論、ノンフィクション、映像作品は相当な数にのぼる。下山事件はそれだけの時代性を持った社会的事件であった。また事件には、国鉄職員の大量解雇問題、共産党の政治進出、ＧＨＱ関与説など、捜査を複雑にする要因が内在していた。

加えて、先述したように、捜査を担当した警視庁も捜査一課の自殺説と第二課の他殺説が対立して捜査を混乱させた。事件経過についても、当時の田中栄一総監の記者発表は、ＧＨＱの圧力で、自他殺をはっきり明言しない言葉に終始していた。

自殺説の拠《よ》り所は「愛人との関係を清算」「国鉄労組員の大量解雇問題で精神的に追い詰められていた」というもの。一方、他殺説の根拠は「共産党が指導する国鉄労組員の犯罪として最高責任者を抹殺。犯人を共産党員に仕組んだ」というものであった。

また、労組員を偽装した組織がＧ２やＣＩＣに雇われて仕組んだという謀略説も囁《ささや》かれていた。その組織とは、旧陸軍の特務機関出身者のグループ、あるいはＺ機関に雇われた旧陸軍の憲兵グループなど、日本人実行グループが捜査線上に浮かんでいた。だが、いずれの旧軍人グループからも、関係者が逮捕・勾留《こうりゅう》されたという事実はなかった。

ましてや陸軍中野学校の卒業生が容疑者として、警視庁で取り調べを受けたことなどは全くなかった。中野学校では、「銃器・刃物による殺人、毒薬や毒物の使用法、偽装・変装術」などの実地訓練と演習が盛んに行われていた。さらに、ある期の卒業生は、殺人学も学んでいた。それは諜報工作員としての必須《ひっす》科目であったわけだ。G2やその指揮下にあったCICが彼らに目をつけたとしてもなんら不思議はあるまい。情報は歴史課を通じてG2からCICに流れたものと推測できる。

私は陸軍中野学校の卒業生を取材するなかで、下山事件に関係したと思《おぼ》しき人物から、事件に関係する新たな手掛かりを得た気がする。それも、初めて明かされる事実を……。

しかし本書では、とくに本人の希望で実名を明かすことができなかった前沢と、その前沢が明かした秋田の人物。この二人は、まだ私の取材圏内に存在している。果たして、下山事件にはどんな真相が隠されているのだろうか。

米国取材では中野学校出身者と接触したものの、本人の口から証言を得ることはできなかった。そのため、文中では仮名の「吉田」を使わざるを得なかった。吉田は戦後、なぜ米国に渡ったのだろうか。興味は尽きない。私はいずれ吉田に再度アプローチして、戦後の生き方を取材しようと自らを奮い立たせている。

事件をさらに追う

下山事件を追う取材行は年が明けても続いていた。

徳島の前沢を再取材する前に、なんとか奥山の戦後の行動について知る人物がいないかと関係者を訪ね歩いたのだが、反応は芳しいものではなかった。

そんな矢先、奥山と同期だった清沢喜久雄という人物が奥山と同郷の長野県北穂高に住んでいることを教えてくれた俣一の卒業生がいた。情報提供者は清沢について「彼は卒業生が戦後つくった俣一会には一度も参加したことがないので、近況は全くわからない。だが、同郷なので奥山の戦後についてなにか知っているかも……」

私は早速、情報提供者の教えてくれた清沢を訪ねるべく、二月初旬の北穂高に向かった。安《あ》曇《ずみ》野《の》の大地は冠雪も少なく、北アルプスの冬景色は暖かく感じられた。

清沢宅へは連絡なしの突然の訪問であった。私は内心、清沢が会ってくれるかどうか気を揉《も》んでいた。玄関口で何度か清沢の名を口にして、家人が出てくるのを待っていた。

「どなたですか」

奥から小柄な老人が現れた。私はその老人が清沢であると確信した。私は老人に、俣一の卒業生であることを確認して、手短に訪問の目的を告げた。

「そうですが、奥山の戦後についてですか」

清沢は私を警戒する素振りで玄関口に座り込んだ。私も清沢と同じ姿勢を取るために腰を折り、玄関口に座り込んだ。

「奥山さんをご存じですね。清沢さんが戦後も奥山さんと親しくしていたと教えてくれた俣一の卒業生がいたもので、訪ねて来ました。戦後の奥山さんのことを詳しく知りたいのですが……」

私は一気にここまで喋って、清沢の反応を窺った。

「奥山とは同郷ということもあって、復員してから戦後、何度か会っていますが、終戦後のことはあまり話しませんでしたよ。東京に行っていたとは聞いていますが……。それより、なんで今ごろ奥山のことを聞くんですか。彼は、五、六年前に亡くなっていますよ」

「下山事件をご存じでしょう。奥山さんは下山事件の真相を知っていたらしいのですが、生前、奥山さんから下山事件について何か聞いていませんか。それと、俣一会のことを」

「奥山が下山事件に関係している？　全く分かりませんね。一度もそんな話を聞いたことはありません。なにかの間違いでしょう。わたしの原隊は近衛《このえ》の歩一（東京・近衛歩兵第一連隊）で、歩一の連中との付き合いはありますが、俣一会には一度も出たことがありません」

私は質問を変えて、徳島の前沢のことを質してみた。

「初めて聞く名前で全く面識がありません」

私は清沢の答えにいくらか期待して北穂高に来たのだが、残念ながら奥山の戦後について清沢からは、満足な答えを得ることはできなかった。やはり、前沢から真相を聞き出すほかに方法がないことを、あらためて思い知らされたのである。

清沢は八十二歳になっていた。戦後、穂高に帰郷すると家業の農業を継ぎ、地元の町会議員を長く務めて現在は隠居の身分であった。原隊から豊橋の陸軍予備士官学校に進み、二俣分校では幹部候補生として昭和十九年（一九四四）十一月に一期生二二八名の一人として卒業した。三カ月の教育は、国内遊撃戦教育が主体であった。

卒業後は奥山ら三名と共に金沢の第二二九師団司令部に配属される。その後、新たに編制された長野師管区司令部に転属して松本地区特別警備隊の選抜教育を担当した。奥山は二俣分校卒業後、清沢と共に金沢、長野の司令部に勤務して終戦は長野で迎えていた。

二俣一期生二二八名のうち、戦死者は三六名。不明者は五一名に達している。ところで、長野で終戦を迎えた奥山がなぜ、戦後、東京にしばしば出向くようになったのか、その経緯は全く分かっていない。東京との接点はどこで始まったのか。その辺りの事情は前沢から聞き出すほかはあるまい。

私を見送る清沢の眼差《まなざ》しには、最後まで疑念と不快感がこもっていた。私は事前の連絡もなしに清沢を訪ね、同期生の奥山のことや下山事件のことなどを質問したのである。清沢が不快感を露わにするのも当たり前で、二度と訪ねて来てほしくないと感じただろう。私は心のなかで清沢に詫《わ》びた。

二俣分校時代、一期生は卒業旅行で井伊谷宮《いいのやぐう》を訪ねている。そのとき、全員が辞世を詠んだ。清沢の句は、

〈建武の御代にあだどもを、撃ちてしやまん御心を我等に秘めて必ず撃たん〉

というもの。そして奥山は、

〈井伊谷に建武の昔偲《しの》び来て、吾もまた海山翔り妖雲を断つ〉

と詠んだ。

遠のいた核心

帰京した私は最後の頼みである徳島の前沢に連絡を取り、再取材を申し入れた。昨年九月以来、五カ月ぶりに聞く前沢の声は、電話口でも分かるほど気弱になっていた。

「もう訪ねてこないでほしい。体調も優れないし、あなたには会いたくない」

前沢は、私と会うことを拒否する。

「これが最後です。なんとか会ってほしい」と食い下がる私に、電話口の向こうで無言が続いた。数十秒ほどだっただろう。次に出た言葉は、

「前回、あなたに会って下山事件のことを話したのは軽率だった、と今は後悔しているんです。来られても、もう話すことは何もありません」

電話はこれで切れてしまった。私は徳島を訪ねることを逡巡《しゅんじゅん》し始めていた。訪ねても果たして前沢は会ってくれるだろうか。しかし、それでも徳島に行こうと決めた。気の重い、波乱含みの取材行になる予感がしていた。

二月中旬の昼下がり、私は前沢の自宅のインターフォンを押した。だが、取材はものの見事に断られた。いったん市内に戻り夕方まで喫茶店で時間を潰《つぶ》すことにして、前沢宅を離れて、バス停まで歩くことにした。玄関を離れるとき、前回招じてくれた応接間のカーテンが揺れて、すき間から前沢が私を見つめている気配がした。

夕方の四時を廻《まわ》った徳島は、まだ陽も高かった。三時間後、私は前沢の自宅のインターフォンを押していた。今度は直接、玄関を開けて出てきた。無言でなかに入るよう勧めてくれた。

「もう、これで終わりにしましょう。前回話した以上のことはなにもありません。追加で話すことといえば、関係者の一人が秋田にいるということくらいです」

前沢は応接間に招じてくれなかった。取材は玄関口で始まった。私は前回の訪問で前沢が、

下山事件の詳細を語ってくれると約束したことを切り出した。だが、前沢は「気持ちが変わった」と前言を翻し、次のことを語り始めた。

「秋田の男のことを言いましたね。この人物も中野にいた男で、朝鮮戦争が始まる前にCICを辞めましたが、奥山とも繫がっていた男です。名前は丸橋（仮名）といいまして、今年、八十五歳になっているはずです。昭和四十年代に東京・丸の内の『丸ビル』で偶然再会したんです。私はその頃、京橋のある会社に勤めており、丸橋に名刺を渡しましたが、彼は名刺を忘れたといって手帳の白紙を破って、住所を書いて渡してくれました。十年前までは年賀状を交換していましたが、今ではお互いに没交渉になってしまいました。その時の年賀状がこれです」

前沢は右手に持っていた年賀状を私に示し、住所と名前をメモすることを許してくれた。消印が押されていない賀状には、達筆な筆字で住所と名前が記されていた。住所は秋田県男鹿《おが》市になっていた。

私は前沢に礼を述べて賀状を戻し、さらに丸橋との関係について質してみた。だが、前沢は、「私からはもうなにも言えません。これ以上のことを聞きたければ、丸橋を捜し出して直接本人から聞いて下さい。下山事件のことは、もう終わりにしましょう。今更、藪《やぶ》を突いても関係者は困るでしょう。私があなたに話してしまったことがまずかったんです。これ以上のことは話しません」

話し終えると肩で息をする前沢は、確かに体調を崩していた。私はこれ以上、質問することを断念せざるを得なかった。

今回の収穫は、新たに名前が出てきた男鹿市の丸橋のことだけであった。丸橋は十年前の住所に果たして、今日でも住んでいるだろうか。それとも転居したのか。あるいは亡くなっているのだろうか……。

前沢の追跡取材でも、下山事件の核心に迫ることはできなかった。陸軍中野学校三丙出身の前沢、そして新たに名前が出てきた丸橋。丸橋は中野学校の卒業生なのだろうか。前沢は丸橋の素姓を一言も語らなかった。下山事件を追う私の取材もそろそろ限界に来ていた。今、私は男鹿市の丸橋を訪ねることを躊躇《ちゅうちょ》している。やはり、五十六年という時間の壁は突き崩せないのだろうか。徳島を去る私の足取りは重かった。

陸軍中野学校の戦後史を追跡しているうちに、私はいつしか下山事件と中野学校の卒業生との関係に足を踏み入れてしまった。きっかけは、卒業生を取材している過程で、徳島の前沢が中野学校卒業生と下山事件の関係を示唆してくれたことだった。私は前沢の証言を、下山事件について過去に発表された文献や資料と照合してみた。しかし、陸軍中野学校卒業生と下山事件を結びつけて論じたものは皆無であった。

私が前沢に接触して、本人が間違いなく中野学校のＯＢであることを確信したのは、中野学校の卒業生のことをよく知っていたからだ。そして、自らの戦後史も明かしてくれた。なかでも、卒業生が米国に在住していることは、面談した卒業生の誰もが知らなかったことで、この事実を現地で確かめたとき、前沢が下山事件の関係者であるという私の確信は揺るぎないものになっていた。

私は前沢の証言を検証するために、前沢の与えてくれたヒントを元に、伊那の奥山を訪ねたが、残念ながら本人は既に亡くなっていた。さらに、穂高の清沢を訪ねて奥山の戦後を質してみた。そして前沢の再取材を試みた。だが、前沢は関係者の一人が男鹿市に住んでいたことまでは、語ってくれたものの、丸橋と下山事件の関係については口を閉ざし、真相を闇のなかに閉じ込めてしまった。

下山事件を追跡すると、どうも「下山病」に感染するようで、目下のところ完治するための特効薬がなさそうである。だが、取材で得た感触から、下山事件の関係者が中野学校の卒業生であることは、ほぼ間違いなかった。私はこれからも、下山事件の真実を解明するために取材を続けて行くだろう。特に、米国に帰化した三人の卒業生の戦後史に、深い関心をもっている。

第五章　幻の教材発掘

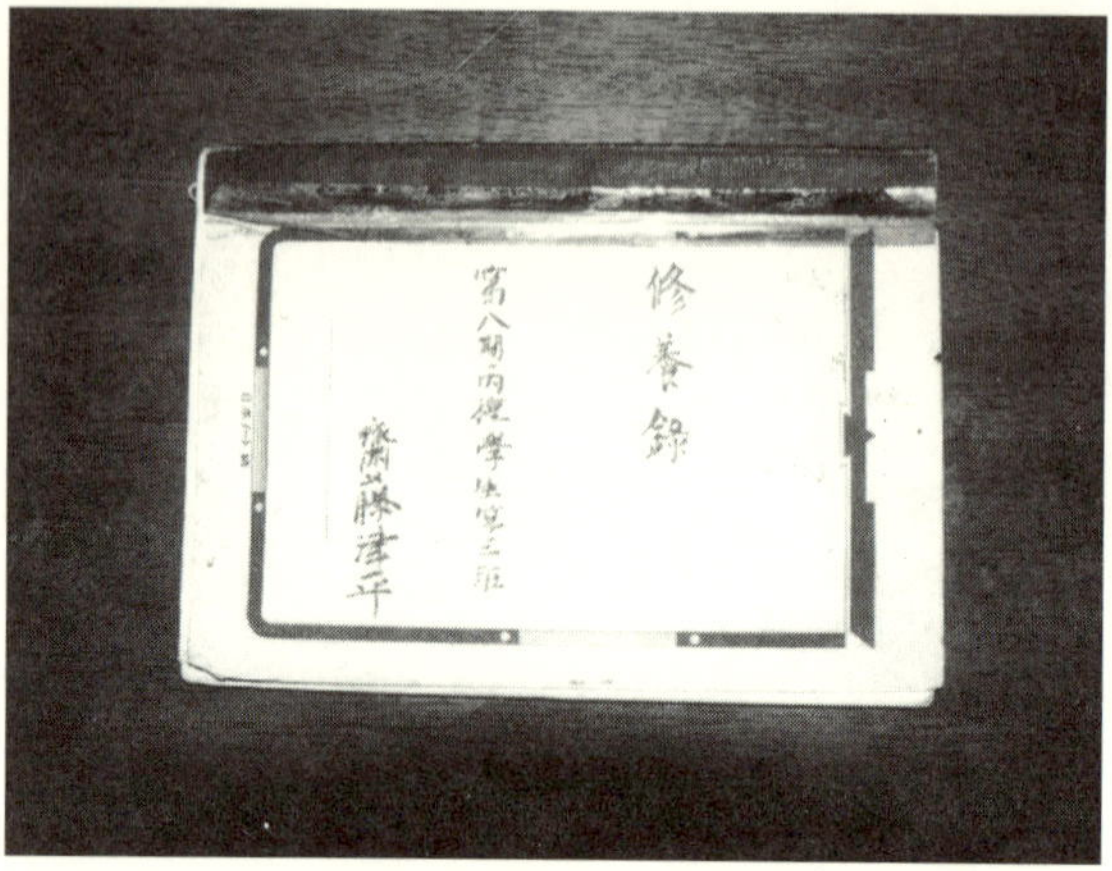

日々の講義を書きとめた「修養録」

六十年ぶりの発見

終戦時にすべて焼却処分されたといわれていた陸軍中野学校の教材資料一式が、六十年ぶりに発見された。教材が新潟の旧家に保存されていることを、私は所有者の自宅で確認した。持ち主は今年（平成十七年）八十一歳になる斎藤津平で、中野学校八丙の卒業生であった。

「去年、久し振りに蔵を整理したところ、棚の上に忘れていた布製のリュックサックに中野時代の教材（写真の資料）が入っていたんです。教材を整理してみると、なかにこんな日記もありました」

取り出したノートには「修養録」と表題が書かれている。

「これを読んで、教材がどうして蔵のなかにあったのか、理由が分かりました。リュックサックを送ってくれたのは、親しくしていた同期の由良見習士官です。私が本部の仕事で教室を留守にしているとき、彼は私の私物を実家に送ろうとして教材も間違って送ってしまったんです。授業が終われば教材はすべて回収されるため、手元に残ることはないはずでしたが、後に未回収が問題になったこともないので、私は忘れていました」

私はまずノートに記された「修養録」を読んでみた。昭和二十年（一九四五）二月九日の項には意外なことが書かれている。

〈「風と共に去りぬ」を見学す。宣伝映画としては当を得たものなり。然《しか》して、映画内容よりアメリカ人の気質を知り得たることは幸いなり。南部アメリカ人の野性的にしてファイティング・スピリットは軽視すべからず。些《さ》細《さい》な情報源からも敵の国民性を観察すること必要なり。映画よりかかる教訓を得たるは可なり〉

昭和二十年二月当時、中野学校はまだ中野囲町にあった。しかしこの時代、街の映画館で洋画を観ることなど不可能だったはずだ。斎藤はどこで「風と共に去りぬ」を鑑賞したのだろうか。

講義の内容を日記風に記録した「修養録」を見ながら、こう語る。

「たしか、教官に東宝の砧《きぬた》撮影所に連れていかれて、試写室のようなところで鑑賞した記憶が

資料を手に証言する斎藤津平

あります。アメリカ人の精神を勉強するためでした」

保存されていた資料は、ノートに記された「修養録」のほかに、粗末な藁《わら》半紙にガリ版と和文タイプで印刷された教材であった。それらがぼろぼろになることなく、判読できる状態で今日まで残されていたのは奇跡といえる。所有者の斎藤が蔵に忘れていたことも幸いした。いずれにしても、教材一式が貴重な資料であることに変わりはない。

吉原国体学

斎藤津平は大正十二年（一九二三）七月十五日生まれ。実家は代々地主の家柄で、津平は十二代目の当主である。京都帝大農学部在学中に学徒動員で徴兵され、幹部候補生の一人として昭和十九年（一九四四）四月、東京の陸軍機甲整備学校に入校した。翌年一月、隊長の推薦で選抜試験を受けて陸軍中野学校に入校、ここから斎藤の中野時代が始まる。

「八丙の同期は一四〇名ほどいました。中野時代はこれらの教材を使って勉強しましたが、いちばん記憶に残っているのは吉原国体学です。国体学は中野学校の精神を叩《たた》き込んだ、いわば学生の精神的バックボーンとなった教えなんです。吉原先生は士官学校生徒の時代、五・一五事件に参加したため放校処分になり、のちに東京帝大の国史科で学んで中野学校の教官に就任したと聞いております」

斎藤の語る「吉原先生」とは、一昨年、九十二歳で逝去した先出の吉原政巳教官のことであろう。吉原は昭和七年（一九三二）に陸海軍軍人と民間右翼が共謀して起こした五・一五事件に参加して叛乱《はんらん》罪で裁かれ、四年の禁錮《きんこ》刑に処せられている。吉原は代々木の衛戍監獄に在監中、当時東京帝大の国史科助教授で、のちに皇国史観のリーダーとなる平泉澄教授の門下生となる。皇国史観とは、天皇を天照大神《あまてらすおおみかみ》の末裔《まつえい》と位置づけ、日本国家は天皇を中心に成立しているという歴史観に立った考え方である。平泉の書物から国体学を学び「吉原国体学」を創案した人物として、学生のカリスマ的な存在であった。

吉原は、服役中の時間を古典籍の研究に費やしたというが、その心境を『中野学校教育』のなかに書いている。

〈ただ縁あって、恩師の導きを受け、民族の魂の源泉である、古典に親しむ心をおこした。齢はすでに、二十二歳であった。その後、恩師、先輩、畏友《いゆう》の教えと切瑳《せっさ》を受け、古人先哲の魂を慕ってきた〉（吉原政巳先生記念講演・九州・山口中野同窓会編）

吉原にとって監獄は、瞑想《めいそう》と学習の理想的な環境だったようだ。出獄後も国体学のさらなる研鑽《けんさん》を重ね、中国戦線に従軍したのち、昭和十七年（一九四二）に中野学校の教官に就いた。その経緯を前掲書にこう記している。

〈昭和十五年、初夏のころであった。日支事変勃発《ぼっぱつ》と共に戦場へ、そして北支、中支に転戦して、二年七カ月ぶりで故国に帰還したばかりのときである。「国士を養成するところだから来て呉《く》れんか」という依頼があって、出頭したのが、秘密戦士の養成と秘密戦の研究を目ざす、陸軍中野学校であった〉

吉原が教官職に就いていた期間は足掛け三年半である。その間に「吉原国体学」を学んだ学生は本校だけでも五〇〇人に達しており、戦後も吉原を畏敬する卒業生が数多くいた。ちなみ

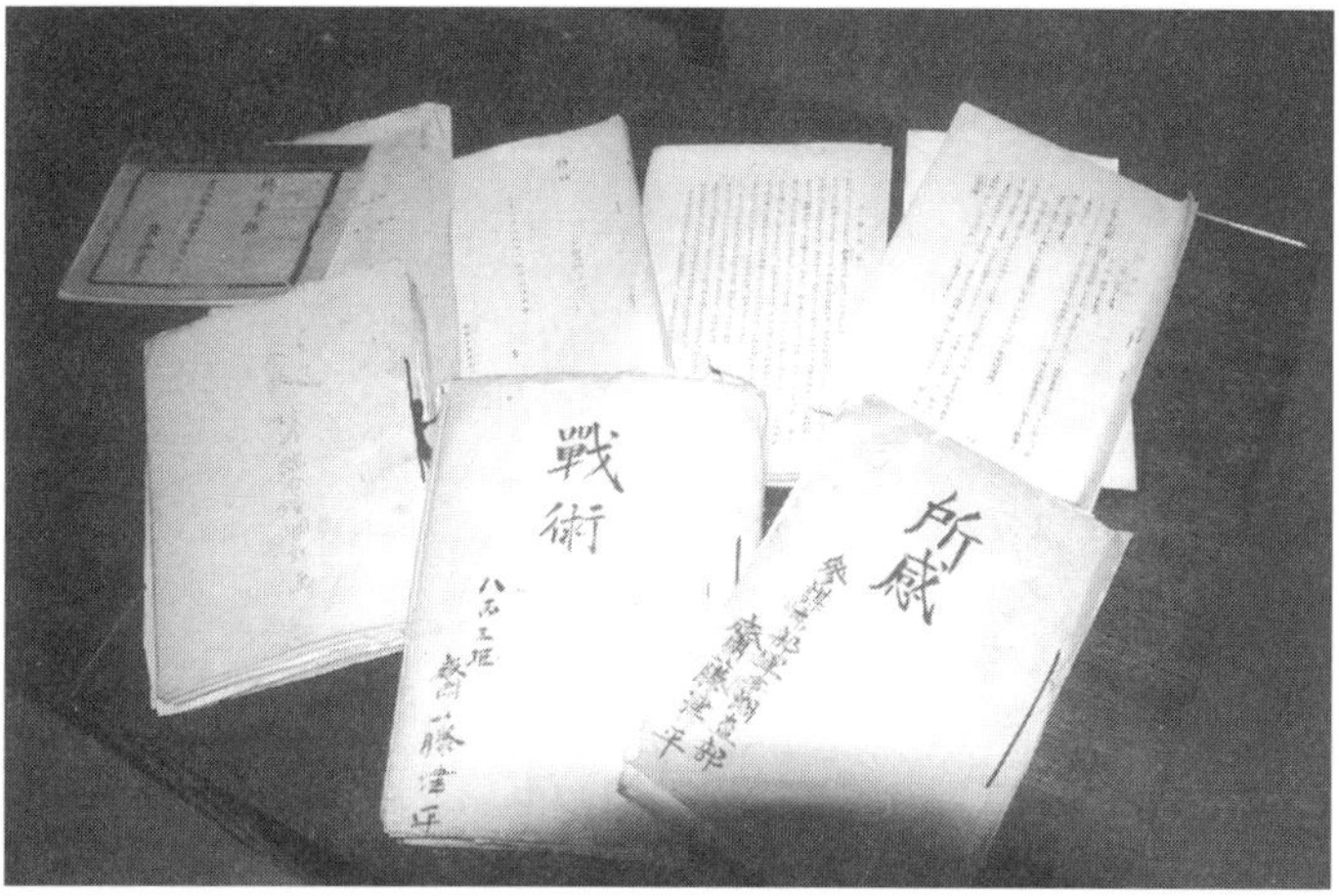

斎藤家に保存されていた教材一式

に、平泉澄は戦後GHQに公職追放されて故郷の福井に戻り、白山神社の宮司に就任している。

原資料にみる中野学校の教育

私は斎藤が蔵から持ち出してきた資料を、畳の上に並べてみた。

教材は「国体学」をはじめ、「謀略」「宣伝」「諜報《ちょうほう》」「偵諜」「人ニ対スル薬物致死量調」「主要伝染病ノ概要」「戦術」「校外綜合演習計画書」など九点に及ぶ。積み上げると、十センチにも達するボリュームがある。

宣伝教材に面白い例があった。謀略放送を企画するときは、ゲーテの戯曲『ファウスト』の主人公メフィストの気持ちを真似るようにと説いている。

〈謀略放送とは親しい友人の間に水を差して互いに疑惑の目を以《もっ》て見るように導き、遂に闘争をさせるということである。先《ま》ず敵国民なり、前線兵士なりに同情して言う。そこで「メフィストフェレス」の様に一言耳に囁《ささや》き、それによって為政者なり、将校なりを疑わせ、聞く者の心に偽みを起こさせるのである。

「メフィスト」氏の手口をよく研究して見ると其《そ》の極意は「身を擦り寄せて行く気持ち」である。「貴女《あなた》の気持ち本当によく解るわ」と同情を表明しつつ、「私知らない、聞きたくなければ話さないから」と拗《すね》てみたりするのは「メフィスト」氏の常用手段である〉（後略、現代文に訳した）

メフィストの心理を謀略放送に用いるなど、なかなか斬新《ざんしん》なアイデアを研究したものである。ほかにも謀略の本義や薬物の致死量を解説した教材もあり、中野学校の教育が相当高度なものだったことが分かる。

次に引用するのは「謀略の本義」のテキストである。

〈国家間の闘争は単に武力に依《よ》るのみならず政治、経済、思想等所謂《いわゆる》総力戦の全部門に亘《わた》り行わるるものにして、従って国家闘争の裏面的行為たる謀略も又之《これ》ら諸部門に亘り実施せらるるものなり。謀略は平戦時とも軍事、経済、思想等国家対外施策の全部門に亘り用いらる。表面的なる武力戦を以てする闘争の行われざる平時においても、相手国の軍備を対象とする裏面的なる武力戦的闘争は依然、継続せられ特に政治、経済、思想面における裏面闘争は戦時に比し寧《むし》ろ活発に行わるるものにして、従って謀略の内容は平戦時ともに軍事、政治、経済、思想の各部門に亘る〉（以下四項目略）

内容は現代の情報戦にも通じる謀略の本質を説いており、中野学校がいかに「見えない戦争（Ｕｎｓｅｅｎ Ｗａｒ）」を実戦向きに教育していたかを、この教材は教えてくれる。

斎藤ら八丙の学生は、七月十五日に移転先の富岡校を卒業している。八丙の教育期間は中野時代と富岡時代を合わせて七カ月間であった。だが、昭和二十年になると、戦局が逼迫《ひっぱく》してきたため、座学は中野時代で終わったという。

斎藤は富岡時代の教育について、こう語る。

「英語班、支那班、ロシア班の三班のうち私は支那班に席がありました。富岡時代は諜報員としての教育よりも、図上演習による遊撃戦、米軍本土上陸を想定した、いわゆるゲリラ戦のシミュレーションを各地でやっていました。米軍との決戦場は関東平野と南九州が想定されていたので、高崎や埼玉の児玉、本庄といった町で演習を行いました」

中野学校の教育も終戦間近になると、座学よりも実戦を想定した図上演習や訓練が主体となった。ゲリラ戦といえば、斎藤は演習についてノートとは別の手記に次のように記していた。

〈私たちは高崎で高崎師団本部（引用者注・第十二方面軍指揮下の第二〇二師団。師団長は片倉衷少将）及び弾薬庫を襲撃して、これを爆破する演習をしていた。そして襲撃する日時、時刻はラジオ放送を使って暗号で指示されることになっていた。私は、髭《ひげ》づら顔にカーキ色の作業着を着用して民間人に変装して、高崎市内の理髪屋でお客になって椅子に腰を下ろし新聞を見ながら十二時の時報及びそれに続く放送を聞いていた。

　流れてくる音楽は練習曲で時々同じ楽譜が繰り返し放送される。それを、素早く鉛筆で新聞に書き留め表を作り、そして、それを解読して私への命令を受け取った。それは、何時に高崎師団本部に突入せよという命令であった。しかし、若《も》し時間を間違って司令部や弾薬庫に突入し、衛兵や巡察兵、歩哨《ほしよう》に発見されれば射殺されることになる。これは大変なことである。師団司令部では、その時刻だけ特別の巡察兵、歩哨を配置して私たち演習軍を保護することになっていたのである。

　当時、軍は放送局を管理しており数週間前に、実行日の正午十二時の時報のあとに音楽を流すことにしていた。そして、我々の演習計画の一環として暗号による放送が組まれていた

のである〉

ラジオ放送に流れる練習曲から、どのようにして命令を受け取っていたのだろうか。

「曲はピアノ曲でした。生放送ですから演奏者が鍵盤《けんばん》をミスタッチするんです。その音階をチェックして、数字が配列してあるコードブックと照合し、指示された時間を割り出すのです。演習ではラジオ放送を使って暗号解読の訓練をよくしたものです」

斎藤は家族にも、中野時代のことは一切話したことがないという。

「中野学校にはスパイや謀略、暗殺といった暗いイメージがつきまとっているので、家内や子供たちには自分の軍歴を正確には話したことがありません。中野の精神や教育を説明しても、家族には理解できないでしょう」

中野学校の教育は教材を見るだけでも、相当高度なカリキュラムが組まれていたことが分かる。斎藤の手記にも講義の難解さが書かれていた。そして、ノートには政治学の講義内容が写されていた。国権や国家意志について専門的な講義を行っていたことが窺《うかが》える。

〈政治の最高義は「国家の統治活動」である。更に詳しく言えば「国家意志（政策）を決定し、之を遂行することに関する人間の諸行動及び諸関係」を云う。この場合、国家意志とは国家の政策なる意味である。国家の意義とは国家は最高にして一般的なる統治権力（組織）を有する人間の地域団体である。

統治権の意義　国民及び領土を支配する権利、固有不可分の権利と説かれ、通常国家概念の要素とせられる。或《あるい》は王権と呼ばれることもある。更に之を領土権、対人格権の諸権に分けることもできる〉

また、中野学校の政治学の講義では、国家の統治大権について、天皇に触れることはほとんどなかったという。むしろ、「国体」の存続を天皇と切り離して講義することが主眼だった。そのエッセンスが「国体学」である。

斎藤は卒業と同時に、出身地の新潟に置かれた東部軍管区司令部（第十二方面軍・東部軍、東京）新潟地区司令部に、ゲリラ戦要員の幹部として同期の長谷川喜代治とともに派遣された。しかし、司令部では雑用に追われるうちに一カ月がたち、現地で終戦を迎えたのである。その後の人生は「平々凡々」であったと語る。

「百姓生活に戻り、世の中が落ち着いてからは地元の中学・高校の教師や高等学校長、町の教育委員長などを務めて今日に至ります。戦後は田舎に埋もれた生活でした。この教材を読み返してみますと、中野学校時代のことをいろいろと思い出します。あの頃は真剣に日本の将来を考えた時代でしたが、戦後は価値観が変わりました。戦後教育、とくに歴史教育には問題があると思います」

斎藤津平の回顧談を聞き始めたのは陽も明るい時間であったが、いつの間にか室内には明かりが灯《とも》り、外は暗闇に覆われていた。冬の北国は夜が早い。

現代にも通用する教育

帰京後、私は念の為に、斎藤と同期の宮澤清彦（八十一歳）を横浜の自宅に訪ねて「斎藤資料」を確認してもらった。

「私たちが中野時代に使っていた教材に間違いありません。本物です。しかし、新潟の斎藤さんがどうしてこれらの教材をもっていたのか、その点が解せませんね。教材は授業が終わるとすべて回収されましたから」

私は斎藤のもとに教材資料が保存されていた経緯を説明した。それでも、宮澤は一抹の疑問を残したようだ。しかし、宮澤の証言で今回発掘された教材資料が、紛れもなく陸軍中野学校で使われていたものであることが証明された。斎藤は九点の資料の活用をこれから考えるという。

七年間存在した陸軍中野学校。ここでは高度な政治・思想教育も行われていたことが今回、原資料から初めて明らかにされた。資料を読み込んでゆくと、今の時代にも充分通用する内容であることが分かる。なかでも〝殺しのテクニック〟を教えた教材は秀逸であった。「一撃離脱」――これぞまさしく中野学校の真髄ではなかろうか。

ところで、斎藤津平が戦後も探している親友の由良見習士官――フルネームは由良耕作。私は宮澤を取材したのち、由良の消息を追ってみた。生きているとすれば、斎藤と同じ八十一歳になっているはず。陸軍中野学校の卒業生は総数で二一三一名。そのなかで戦後も消息不明の卒業生が三六七名いる。追跡してみたが、残念ながら由良の生死を掴《つか》むことはできなかった。

今年（二〇〇五年）で戦後六十年を迎える。由良を含め消息不明の卒業生はいま、どこでどんな生活を送っているのだろうか……。

斎藤の同期生には、東京外国語学校（現東京外国語大学）を卒業して三班のロシア語班に在籍し、戦後は内閣調査室に勤務した先出の望月一郎もいた。望月は内調時代、世界に先駆けて中国の原爆実験成功の情報を入手した人物として、内調部内では伝説的に語られてきた中野学校卒業生であった。また、島根県知事を三期務めた恒松制治も、八丙の卒業生であった。

後述する「中野学校卒業生に間違われて」戦犯になった深谷義治は、恒松と旧制浜田中学の先輩後輩の仲でもあった。恒松は日中国交が回復して三年後の知事在任中に、深谷の早期釈放を求めて北京に出向いた。中国側の担当者と交渉を重ね、上海では最も早い時期に深谷と上海監獄で面会していた。

中野の卒業生には、戦後も各界で活躍した人物が多くいた。次章で述べるが、望月同様に卒業生のなかには戦後、官公署に就職したものもいて、なかでも戦後早い時期に自衛隊に就職した卒業生が数多くいたのである。

第六章　陸軍中野学校と戦後諜報機関

自衛隊調査学校をつくった中野関係者

だいぶ昔のことになるが、昭和五十二年（一九七七）三月の衆院予算委員会で、共産党の上田耕一郎議員（現幹部会副委員長）が、自衛隊調査学校の対心理情報課程（ＣＰＩ）を卒業した同窓生で作っていた「青桐会」の名簿を入手して、この会に中野学校の関係者がいることを明らかにした。上田議員と政府委員とのやり取りは、以下のようなものだった。

〈**上田議員**　調査学校で中野出身者、この間二、三名可能性があると言われましたけれども、何名いましたか、教官のなかに。

政府委員　かつて在職しました者数百名について調べましたところ、中野学校に関係したことがあると、これは入校したということでございますが、認められたものが六人おりました。現在いずれも退職しております。

上田議員　二代校長の藤原岩市氏は中野学校の教官であります。それから副校長の山本舜勝氏も中野学校の教官であります。それから阿部武彦、松浦渉、森山秀彦ら、この人々は中野学校の学生だったわけであります。ですから、調査学校をつくる上で非常にやっぱり中野学校、これはスパイ学校として有名ですから、非常に大きな役割を果したということを指摘

しておきたいと思います〉（三月二十九日の予算委員会での質疑応答。政府委員は当時の防衛庁人事局長）

共産党は当時、その存在が隠されていた陸上幕僚監部二部別班や自衛隊の情報要員を養成する調査学校の実態を執拗《しつよう》に国会で糾弾していた。現在は東京小平市に置かれた自衛隊業務学校（会計科コースと警務科コースがある）に情報課程を学ぶコースはあるものの、「調査学校」の名称は外され、地名から単に「小平学校」と称している。

しかし、小平学校にＣＰＩ課程が置かれているのは当然で、そのほか最新のテクノロジーを活用し、コミント（通信情報）の解析技術も学んでいるようである。それが現代の情報戦の主役なのである。

上田議員が指摘した阿部、松浦、森山の三人はいずれも陸士卒、中野学校一乙の卒業生であった。陸士は阿部が五十期、松浦と森山は五十二期であった。

二代目調査学校長の藤原岩市は陸士四十三期で、昭和十三年（一九三八）に陸大を卒業した。藤原は戦前、対インド工作を指揮したＦ機関の長で、昭和十八年にはビルマ方面軍参謀としてインパール作戦に参加。その後南方戦線を転戦して、昭和十九年に陸大教官と併任で中野学校教官の職に就いた。

戦後は逸早《いちはや》く有末の呼びかけに応じてGHQ・G2の戦史編纂室に就職。追放解除後の昭和三十年、発足から一年たった自衛隊に一佐で入隊した。

また、一乙の三人は藤原の推薦で、発足間もない調査学校の教官として招かれていた。副校長の山本舜勝は陸士五十二期、終戦前年の六月に少佐で陸大を卒業している。卒業と同時に参本第二部第七課（支那班）に配属され、昭和二十年三月には中野学校の研究部員兼任の教官となり、情報戦術を教えていた。

戦後は藤原と同じ時期に自衛隊に二佐で入隊。間もなく米国のフォート・ブラッグに置かれていた陸軍特殊作戦学校に留学する。帰国後は調査学校のチーフ研究員として藤原を補佐し、昭和四十年三月に情報教育課長に就任。教官として情報と心理戦分野を教えていた。青桐グループを組織したのも山本で、三島由紀夫と知り合うのは三年後のことであった。

陸士五十二期生には福岡の油山事件で戦後、横浜BC級戦犯裁判で有罪判決を受けて巣鴨プリズンに収監された射手園達夫少佐や河南豊明少佐など、中野学校の同期生がいた。

調査学校は内閣調査室が開設された二年後の昭和二十九年（一九五四）十月、陸上自衛隊業務学校第二部として発足した。二年後には独立して、自衛隊員からプロの情報戦要員を養成するため、自衛隊内に開校したのが「陸上自衛隊調査学校」であった。

当時、陸上自衛隊の調査部門はどんな組織になっていたのか。上田議員の国会質疑の一年前、軍事専門誌「軍事研究」に、ＣＰＩ課程を卒業した市川宗明（当時、陸自二佐）が自衛隊の情報組織について論考を書いている。

〈陸幕の情報部門である第二部と、全国五か所の方面総監部（現在も同じ）の第二部の職務内容は「防衛及び警備の実施に必要な情報秘密保全、暗号、地図、空中写真等に関する統轄業務」となっており、その実働部隊として調査隊と資料隊がある。

調査隊は長官直属部隊となっている中央調査隊を頂点に、北海道、東北、東部、中部、西部の五方面隊に、方面総監と方面第二部長の指揮、管理を受ける方面調査隊と、その傘下に駐屯地単位の分遣隊や派遣班がある。『情報教範』によれば、調査隊の任務は「部隊内及びその責任地域内における敵の諜報《ちようほう》活動及び諜報活動を発見防止、それらの安全を保持するにある」〉

現在発行されている『自衛隊年鑑』や『防衛白書』には、防衛庁・自衛隊の組織やその運用について解説がなされている。情報組織や防諜・情報部門を見ると、市川が現役であった一九七〇年代と比較しても、ほとんど変化していないことに気づく。

現在の組織でも、中央資料隊は長官直轄になっている。陸幕監部には調査部調査課が置かれ、方面隊にも調査部長の指揮下に資料隊と調査隊が置かれている。

なお、新たに改編された組織もある。旧陸幕監部第二部別班は「調査部第二課」――「調別」と呼ばれる調査部別室となった。ここでは「二部別班」時代と同じように、外国の電波と国内の不法電波の監視・傍受を専門に行っている。

ちなみに通信傍受施設は、北海道の稚内から鹿児島の喜界島まで九カ所（稚内・東根室・根室・東千歳・小舟渡・大井・美保・大刀洗・喜界島）に置かれている。二部別班が設置された一九六〇年代と通信所の数は変わっていない。

平成九年（一九九七）一月に情報部門が改編され、従来の調別は東京・市ヶ谷の防衛庁情報本部の電波部に組織替えされた。傍受した情報はすべて、専用の防衛マイクロ回線を通じて、統合幕僚会議が運用する防衛庁情報本部へ送られることになった。情報本部は総務部、計画部、分析部、画像部、電波部の五部門からなる。

長年、警察庁が実権を握っていた電波傍受部門は、情報本部「電波部」に改編されたが、まだまだ警察官僚の力が強い部門といわれ、本部長は制服組でも、電波部のトップは相変わらず警察庁警備局から出向してきている。

電波傍受部門は自衛隊発足以来、警察官僚の縄張りになってきたが、それは内閣情報調査室の前身「内閣調査室」と深く関わっている。傍受した電波情報の第一報が内調に知らされるためである。おそらく今日でも、情報は電波部からダイレクトに内閣情報調査室に送られているはずである。

引き継がれた中野学校の教育

陸軍中野学校の元教官や卒業生が設立に協力した自衛隊の調査学校——「調査学校」の看板は外されたが、業務学校でその道のプロが養成されていることは確かで、その教育内容は発足当初からほとんど変わっていない。

例えば、テキストに使われている「秘密戦概論」などは、新潟で発掘された中野学校教材「戦術」の一部をリメイクしたもので、その内容は以下のようなものである。

〈秘密戦概論（内部資料）

謀略とは国家がその対外国策を遂行するため、目的を秘匿して極秘裏に行う知能的策謀であって、その執りたる手段に依《よ》り直接又は間接に相手国を害する行為をいうのである。その行為は通常極めて科学的に計画し、計画的に実行せらるるものであって、相手国の政治、経済、思想等特に狭義国防関係部門等国家の重要なる基礎的部面の破壊を主眼とする。

即《すなわ》ち国家機能を阻害し、国力の減退を計り、国際的地位の低下を求め、著しく国家間の協同を阻害、破壊し、若《も》しくは国防力の直接的破壊、低下を求めんとするものである。最も著名な事例は相手国の首脳部や要人に対するテロである。テロは往々にして争闘を一挙解決に得たることも度々である。

以上の如き要領に依るものは、何《いず》れも反間苦肉の裏面手段の知能的策謀であって、政治、外交等の裏面手段や武力のみではなかなか能し得るものではない。また、相手国の固有の民族精神を逆用する場合、例えば日本における皇道精神の中に必要なる思想を織り込み皇道精神の普及発達に伴い、当該思想の宣伝を計る如き方式もある。尚《なお》為し得れば東亜共栄圏の範囲を基礎とすべきものである〉（一部抜粋）

中野学校で教材として使っていた「謀略の本義」と内容が似ており、調査学校で使っている秘密戦のテキストは中野学校の教材をベースにしたものであることが理解できるであろう。

調査学校の講師は、中野学校の元教官や卒業生が担当していた。講師陣では、陸軍省軍事資料部で「ヤマ機関」の防諜責任者だった憲兵大佐の曾田嶺一（陸士三十六期）が「防諜論」を講義しており、陸士同期の鈴木勇雄も「偵諜工作」を教えていた。鈴木の前任地は関東軍情報部で、満州での対ソ工作経験をもつ偵諜工作の専門家であった。

私が調査しただけでも、自衛隊調査学校で教えていた中野学校の元教官と卒業生は七名が確認された。中野学校の情報戦のノウハウは戦後も自衛隊に引き継がれ、今日の情報戦教育の基礎になったのである。陸軍中野学校という組織は終戦で潰《つい》えたものの、人材は残り、教育の成果は次代に引き継がれたのだ。

三島由紀夫と山本舜勝

先述した山本舜勝は作家の三島由紀夫と親交を結び、三島は山本を〝戦術の師〟と仰いでいたという。二人の邂逅《かいこう》は、どんなきっかけからだったのだろうか。

まず、三島由紀夫が市ヶ谷台の東部方面総監部のバルコニーから自衛隊員に向けて決起を呼びかけた状況から、当時を再現してみることにする。

昭和四十五年（一九七〇）十一月二十五日、水曜日――この日、三島は制服を着た「楯《たて》の会」会員四人を引きつれて、あらかじめ面会を取りつけていた益田兼利東部方面総監に会うために総監室に入った。その直後、会員らは持参した日本刀を抜いて総監を脅し、総監室に立て籠《こも》った。面会所に入った午前十時四十五分から、ほんの二十分後のことであった。

三島らの目的は、総監を監禁して自衛隊にクーデターを迫ることであった。決起を促す三島の演説は約十分間つづいたが、自衛隊は動かなかった。三島は「天皇陛下万歳」を三唱して総監室に戻ると、切腹の作法に則《のっと》って持参の短刀で自決した。介錯は会員の森田必勝が行った。室内には鮮血が飛び散っていたという。

自衛隊に共感していた三島がなぜ、反逆したのか。最後の作品となった『豊饒《ほうじょう》の海』（四部作）で書いた「決起」を、自ら実践しなくてはならなかったのだろうか。三島は生前、自衛官のなかで山本舜勝を最も信頼していたという。

山本が三島と交流を始めたのは昭和四十年（一九六五）、情報教育課長に在職していたころで、紹介者は研究課長の平原一男一佐だった。平原は山本に、三島が書いた「祖国防衛隊はなぜ必要か」という冊子を見せて、彼に会うことを勧めたという。

山本が関心を持った三島の祖国防衛隊構想とは、自衛隊体験入隊を経て三島なりに到達した民間防衛論であった。その基本構想は大要、次のようなものだった。山本は自著『自衛隊「影の部隊」』（講談社）のなかで、三島のこの民間防衛論の基本綱領を紹介している。

〈祖国防衛隊は、わが祖国・国民及びその文化を愛し、自由にして平和な市民生活の秩序と矜《ほこ》りと名誉を守らんとする市民による戦士共同体である。

われら祖国防衛隊は、われらの矜りと名誉の根源である人間の尊厳・文化の本質及びわが歴史の連続性を破壊する一切の武力的脅威に対しては、剣を執って立ち上がることを以《もっ》て、

その任務とす〉

しかし、山本はこの三島の祖国防衛隊基本綱領に対して、「これほど間接侵略の本質、様相を理解して、それに対処することの重要性を認識していながら、演習場での訓練だけで満足しているのはなぜだろうか」と疑問を呈している（前掲書）。

そして山本は、三島の自衛隊における最初の訓練について、こう書いていた。

〈私は、自衛隊での学生教育（引用者注・調査学校における対ゲリラ戦教育）の合間をぬって、三島と「祖国防衛隊」の中核要員（のちの「楯の会」会員）に対する訓練支援を開始することになった。第一回の訓練は四十三年五月上旬の土曜日の午後、郊外のある旅館で行った〉

このように、三島と山本は体験入隊での訓練を通じて絆《きずな》を強くしてゆく。だが、二人の間に亀《き》裂《れつ》が生じるのも早かった。その原因は、二人の思想性の違いにあったのではないか。さらに、三島は想像力を文字で表現する作家であり、山本は「情報戦術」を教えるプロの軍人であったことも影響したかもしれない。

自衛隊の決起についても、現実と理想を冷徹に見極める能力においては、山本の方が遥《はる》かに長《た》けていた。三島は作家を捨てて、自らの思想の帰結を民間防衛隊の創設に賭《か》けていた。しかし、最終的に両者の間に齟齬《そご》が生まれるのは時間の問題であった。それは、山本が三島を裏切ったということではなかった。人気絶頂の作家三島由紀夫は、その純粋な心を巧みに利用しようとした、山本の上司に裏切られたといえるのではないか。

〈藤原（引用者注・藤原岩市。調査学校長から第一師団長に昇進した山本の上司）は三島の構想に耳を傾けながら、参議院議員選挙立候補の準備を進めていた。今にして考えてみれば、参議院議員をめざすということは、部隊を動かす立場を自ら外れることになる。仮にクーデター計画が実行されたとしても、その責を免れる立場に逃げ込んだとも言えるのではないか〉

（山本前掲書）

山本はその経歴から、三島事件の陰のプロデューサーなどとマスコミに糾弾された。遺書となった『自衛隊「影の部隊」』で、三島事件を総括している。しかし、山本は三島の市ヶ谷台占拠の真の目的は知らなかったようだ。

その点を市川宗明が、自衛隊退官後に三島から直接聞かされた話として、三島のクーデター計画について雑誌に書いている。

〈三島と楯の会が自力で三十二連隊を動かしてクーデターを起こすことを決意し、その準備に入ったのは三月ころ（引用者注・一九七〇年）であった。市ヶ谷駐屯実力部隊・普通科第三十二連隊を無断借用してクーデター計画を起こそうと企《たく》らんでおり、クーデターは連隊長室に乱入し宮田一佐を日本刀で脅かして椅子に縛りつけてニセの命令を出させ、霞《かすみ》が関《せき》官庁街を警備担当区域とする第三十二連隊を動かし、国会や首相官邸を占拠する計画であったと思われる。

が、クーデター予定日に連隊長が不在だとわかり、急遽《きゅうきょ》益田総監を標的にすることを決めたという〉（「人と日本」一九七八年十一月号）

三島はこのような二・二六事件の再現が本当に実行できると思っていたのだろうか。三島の市ヶ谷台占拠の真の目的が、普通科第三十二連隊を動かすことにあったとしたら、それは児戯に等しいゲーム感覚の行動といわざるを得ない。

三島の一周忌にあたる日、山本は青桐グループのかつての部下を集めて三島の霊を供養した。

〈仮の祭壇を設け、私の手許《てもと》に残った三島の遺品を供えた。部下の持ち寄りの供物をそなえ、懐かしい三島からの手紙を朗読して読経に代えた。

部下たちからすすり泣く声が洩《も》れ、私も泣いた。

それが、私にできる本当に精一杯の供養であった〉（『自衛隊「影の部隊」』）

山本は前掲書を書き上げた平成十三年（二〇〇一）の七月、闘病生活を続けていた病院で心筋梗塞《こうそく》で亡くなった。享年八十三。その前年十月、山本らが手塩にかけて育ててきた「陸上自衛隊調査学校」の看板が外された。事実上の廃校であった。

山本舜勝と藤原岩市は中野学校時代から上官と部下の関係にあった。旧軍人なら、その繋《つな》がりは同志的な絆で結ばれていたはず。それは戦後になっても、自衛隊で情報戦のプロを養成する学校の上官と部下という関係にまで及んでいた。

しかし、この二人の間には、三島由紀夫という流行作家を巡って、微妙な温度差が生じてくることになる。藤原は三島を参院選挙の広告塔として利用できる「玉」と考えた。一方の山本は、三島のクーデター計画に耳を傾け、情報将校としての専門的なアドバイスも与えていた。

だが、三島の自衛隊員に対する決起の呼びかけは不発に終わった。

その結果、山本と藤原の関係も断絶したといわれる。三島事件の後遺症は、間接的に三十年後の調査学校廃校にまで影響を与えていた。結局のところ、中野学校独特の同志的な繋がりは、この二人のように陸士・陸大を卒業した軍人たちには無縁のものであったのだろう。

しかし、山本ら中野学校関係者がつくりあげた調査学校のポリシーは小平学校に受け継がれ、現代戦に必要な情報要員の教育が今日も続けられている。

自衛隊と三島由紀夫を結ぶ証《あか》しが、楯の会の演習に使われていた陸上自衛隊滝ヶ原駐屯地に残されている。その碑には「誠実」の二文字が彫られている。だが、その近くで訓練に励む若い隊員たちにとって、三島由紀夫の存在はもはや無に等しいものではあるまいか。

卒業生の失敗談

京都府下に住む村井博は大正六年（一九一七）六月生まれの八十七歳。中野学校に入校したのは昭和十四年（一九三九）十二月で、試験は先輩同様、東京九段の偕行社《かいこうしゃ》で行われた。神奈川県横須賀《よこすか》にあった陸軍重砲兵学校出身で、在学中に中野学校に推薦された。

村井は中野学校の試験のユニークさを、こう述懐する。

「インドのシャハトの政策を知っているかとか、前の部屋に灰皿がいくつあったか。万年筆二本を出して、これで十個師団を編制せよというのもありました。二本を十文字に重ねて、『これで十個師団を作りました』と答えれば合格。また、部屋にかけてある帽子を取れといわれて、ハイといって帽子を取れば不合格」

なんとも奇妙な試験であった。

試験問題に関して少し述べると、一期生には常識問題が出されていた。先述した一期生の阿部は、選考試験について手記に書いている。

〈1 ウォロシロフ
2 汪兆銘
3 ガンジー
4 チェコの位置
5 スペインについて
6 何をやり、将来何をやろうとするのか
7 東西宗教の比較
8 凝り性か、その例
9 キリスト教、イスラム教の伝教伝播《でんぱ》の差異とその理由。かかる差があるのに日蓮《にちれん》宗を信ずる理由

10　尊敬する人物
11　読む本、雑誌
12　運動〉

こうした試験問題であれば、解答は常識でよかったわけだ。常識人を諜報工作員に育てるためには、やはり、常識をもって選考試験を行う必要があった。中野学校の試験も、期によって内容が大きく異なっていたことが、村井の証言と阿部の手記で分かってきた。

村井は乙一短期学生として十一カ月の教育を受け、翌年十月に卒業した。初任地は陸軍省兵務局防衛課付。しかし、実際に勤務したのは陸軍大臣直轄の軍事資料部であった（この組織の具体的な活動は拙著『昭和史発掘　幻の特務機関「ヤマ」』〈新潮新書〉に詳述）。

私が村井博と初めて会ったのは平成十五年（二〇〇三）四月、京都府の老人施設であった。取材は村井の耳が不自由なため、筆談になった。彼は私の取材ノートに「諜報戦」という文字を何回も書き連ねて、自らの体験を語ろうとした。筆談は村井の著書の解説になった。書名は『姿なき戦い』。この本には、村井が中野学校を卒業してからの体験がギッシリと詰まっていた。さきの奇妙な入学試験の問題も筆談で述懐してくれたもので、経歴も取材ノートに書いてくれたものを私がまとめたものである。

私は村井から戦後史を聞きたかった。取材ノートには「謀略戦の研究に費やした」と綴《つづ》られている。戦中はラバウルの第八方面軍参謀部特務班から第七遊撃隊副官に転属して、現地で終戦を迎えている。内地引き揚げは昭和二十一年（一九四六）四月で、復員後は地元の町議会議員などを務めたという。また村井は剣道の達人で、戸山流居合道範士九段の皆伝免許を持っていた。

村井の研究調査の成果に「主要事件略年表」があり、その表には陸軍中野学校七年間の動きが記述されている。この年表に私なりに調査した項目を補足したものを掲げておく。

〈陸軍中野学校年表

●昭和十一年（一九三六）十月、阿南惟幾陸軍省兵務局長が田中新一課長、岩畔豪雄課員、福本亀治課員、参本ロシア課員秋草俊の四人に対して科学的防諜機関設立を企画させる。

●昭和十二年十二月、後方勤務要員養成所設立準備事務所兵務局内に設置（委員に秋草中佐・岩畔中佐・福本中佐の三人が任命される）。

●昭和十三年七月、勅令「後方勤務要員養成所令」発令。九段の愛国婦人会本部別館で開所、一期生二〇名入所。

●昭和十四年四月、後方勤務要員養成所、陸軍中野電信隊跡地に移転。八月、第一期生卒業

（一名病気退学。一名不祥事で軍法会議。一八名卒業）。十二月、乙一長・丙一入学。

●昭和十五年六月、北島卓美少将第四十一師団歩兵団長から初代校長に就任。八月、陸軍中野学校令制定（陸軍大臣直轄）。九月、一甲入校。十月、乙一長・乙一短・丙一卒業。十一月、一甲卒業。十二月、乙二長・乙二短・丙二入校。

●昭和十六年二月、南機関発足（機関長・鈴木敬司大佐、ビルマ工作）。二甲入校。五月、二甲卒業。六月、二代校長（兵務局長兼任）田中隆吉少将就任。七月、乙二長・乙二短・丙二卒業。九月、三丙・三戊入校。藤原機関発足（通称F機関、機関長・藤原岩市中佐、インド工作）十月、三代校長に川俣雄人大佐。歩兵第六連隊長から就任（少将）。同月、参謀本部直轄校となる。

●昭和十七年二月、特別長期教育終了、三戊卒業。三月、蘭領インドネシアに対する謀略放送開始（専任者は乙一長出身の太郎良大尉）、岩畔機関発足（機関長・岩畔豪雄大佐、F機関を継ぎ対インド工作）。四月、四戊入校。六月、一乙・四丙・四戊入校。八月、日米交換船「浅間丸」「コンテベルデ号」横浜帰港（一期生の牧沢義夫大尉等海外派遣の諜報員帰国）。九月、日英交換船「龍田丸」横浜帰港（乙二長出身の櫻一郎大尉三等航海士に偽騙して乗船）。十一月、三丙卒業。

●昭和十八年二月、五丙入校。三月、二乙入校。五月、五戊入校、光機関発足（機関長・山

本敏大佐、岩畔機関を継いで対インド工作)。九月、一乙・四丙卒業。九月、遊撃(1)入校。十一月、卒業。

●昭和十九年一月、南方軍遊撃隊司令部再編制(光機関、機関長・磯田三郎中将)、三乙・六丙入校。四月、六戊入校。六月、四乙入校。八月、七丙入校、二俣分校開校。九月、六丙・三乙卒業。俣一入校。十一月、俣一・六戊卒業。十二月、七戊入校。

●昭和二十年一月、八丙・五乙・俣二入校。四月、中野学校群馬県富岡町に移転(富岡校)、四代校長山本敏少将が第十三軍参謀長から就任。五月、九丙・俣三入校。七月、五乙・八丙・七戊・俣三卒業。八月、十丙・八戊・俣四入校。八月十五日、富岡校及び二俣分校で解散式〉

村井に中野学校卒業後の任務でもっとも記憶に残る工作を問うと、軍事資料部の部員として昭和十七年(一九四二)五月に函館に派遣され、日魯《にちろ》漁業の社員に身分を偽装して諜報活動を行ったことを挙げていた。相手はソ連のクーリエ(外交特権を持つ伝書使)で、収集した情報は極東ソ連軍の動向だった。村井が得たのは、「ソ連軍は対独戦で手一杯のため、極東の兵力は動かない」という第一級の情報であったという。

だが、この情報活動には後日談がある。筆談をまとめたものを示そう。

〈函館のカフェの主人が「こんな戦争の最中に戦争にも行かず、頭髪を長くし背広を着てウロウロ歩いているのは普通ではない」と函館警察署に密告したのです。さっそく二人の署員が私の不在をねらって、土足のまま借家の部屋に入り込み捜査しました。二日後に函館署に勾引《こういん》され、署長室で署長直々に尋問を受けました。

その最中に、署長がちょっと席を外した隙に変装して署外へ逃亡し、要所要所にいち早く張り巡らされた網をくぐり抜けて函館港に辿《たど》り着いたのです。途中、捜査員にわざと落ち着いて「トラピスト（カトリックの修道院）はどこですか」と道を尋ねたりして港に行くと、ちょうど青森から函館の連絡船が着いたばかりでした。連絡船の改札係に「船内に忘れ物をしてしまったので」といって船内に駆け込み、乗船してきた客と一緒に青森港に到着しました。

しかし切符がないので、改札係に「迎えに来ている友人に、この荷物を渡してきますから」といって、まんまと切符なしで上陸することができました。東京へ着いて資料部へ挨拶《あいさつ》に行ったところ、「別命あるまで暫《しばら》く待機せよ」の一言で、「ご苦労」の言葉一つかけてもらえませんでした〉

村井はこの失敗で、上司から「身分が暴露されてはは諜報の仕事ができないではないか」と叱《しっ》咤《た》され、その後一年間は軍事資料部で内勤事務に廻《まわ》された。警察に逮捕されて取り調べを受けるとは、諜報員失格の烙印《らくいん》を押されても仕方あるまい。

諜報員としての専門教育を受けた中野学校の卒業生といえども、諜報戦の現場では小さなミスが命取りになりかねない。それが、非情な諜報の世界の現実である。村井のケースでは、長髪に背広姿を怪しんだ市民が警察へ通報したことが、逮捕のきっかけになった。

だが、村井はその失敗を自らの体験談として、赤裸々に明かしてくれた。おそらく外地でも村井同様に、工作を仕掛けて失敗したケースはあるのだろうが、こうした失敗談を語る関係者はほとんどいない。

内閣調査室に伝説を残した男

ところでもう一人、特異な経歴を持つ中野学校の卒業生がいた。八丙出身の望月一郎である。「いた」と過去形で書いたのは、留魂碑二十三年祭が開かれた平成十六年（二〇〇四）四月に他界したからだ。彼は戦後、内閣調査室に就職して、日中国交が回復する以前に単身中国に渡り、人民解放軍の原爆実験成功の極秘情報を入手した。

私は望月の戦後史を取材する予定になっていたが、残念ながら本人の口から「中国原爆実験成功の情報入手」の秘話を聞くことは叶《かな》わなくなってしまった。

望月が働いていた内閣調査室は戦後、「内閣総理大臣官房調査室」として、米国の国家安全保障会議（NSC）の示唆により創設された。朝鮮半島でまだ国連軍と北朝鮮軍との間で戦闘が続いていた昭和二十七年（一九五二）四月のことである（休戦協定は翌年七月）。米国大統領直属のCIA（中央情報局）を模した「JCIA」といわれていた。

なぜ、この時期に内閣調査室（以下、内調と称す）が設立されたのかといえば、背景にはGHQの部局であるGS（民政局）とG2（参謀第二部）の対立があった。戦後日本を民主化し、旧支配勢力を追放することに執念を燃やしていたGSのホイットニー准将と、旧軍人・官僚層の力を温存して占領政策を進めようとしたG2のウィロビー少将の確執である。

日本共産党を政治勢力として認めたGSは、昭和二十四年（一九四九）の国政選挙で、共産党の三五名当選という事態に祝杯を上げた。他方、劣勢に追い込まれたG2は、社会不安を起こすために下山、松川、三鷹の鉄道事件を引き起こし、事件が共産党の労組員によるものと仕組んだとされる。このため、共産党は国民の信任を失い、共産党を始めとした民主勢力が国家の監視団体としてマークされることになった。

さらにGSでは、ホイットニーの片腕といわれたケーディス大佐が鳥尾子爵夫人とのスキャンダルをG2に暴かれて失脚、本国に召還される。権力闘争でG2がGSを凌駕《りょうが》したのだった。

一方、日本国内の政情はますます混乱してきた。朝鮮戦争の最中、都市部においては労働者や学生による火炎ビン闘争が頻発して社会不安が巻き起こる。吉田茂第四次内閣の時代であった。

このような時代背景のなかで吉田は、社会情勢を的確に判断して情報を政策に活用するためには情報機関が必要であると痛感した。当時の国家地方警察本部（斎藤昇長官）警備課長・村井順に命じて具体策の検討に当たらせた。それ以来、「内閣調査室」から「内閣情報調査室」に変わったとはいえ、歴代の室長は警察庁警備局の警視監クラスが出向している。

村井の起案になる内調の設置目的とは、以下のようなものであった。

〈第一　内閣調査室の設置
諸般の情報を収集、綜合《そうごう》、調整し、併せて国民に対する弘報宣伝の統一的企画を行うため内閣調査室を設置する。
第二　弘報宣伝方針
1　調査室の当面の重点目標を共産党及びこれに同調する勢力（企画、宣伝、運動）の実態を国民の前に暴露することにおく（以下略）〉

一言でいえば「対共産党対策」であったといえる。もちろん、国内に限らず国際共産主義運動の動向や、ソ連、東欧諸国や中国、北朝鮮など北東アジアの共産党および軍の動向調査も重点項目であった。

そして村井の案をもとに、次の主旨に従い、総理府設置令に伴って内閣総理大臣官房調査室が設立された。

〈政府の重要政策に関する情報の収集、調査及び、各行政機関の情報収集、調査に関する事務の連絡調整並びに、重要政策に関する広報を行う〉

ついでに、現行の内閣法で定められた「内閣情報調査室」の業務と比較してみる。

〈内閣の重要政策に関する情報の収集及び分析その他の調査に関する事務をつかさどる〉

（内閣官房組織令）

比較して分かる通り、半世紀も前に設置された内調の業務と、今日の「内情」の仕事は全く変わっていない。

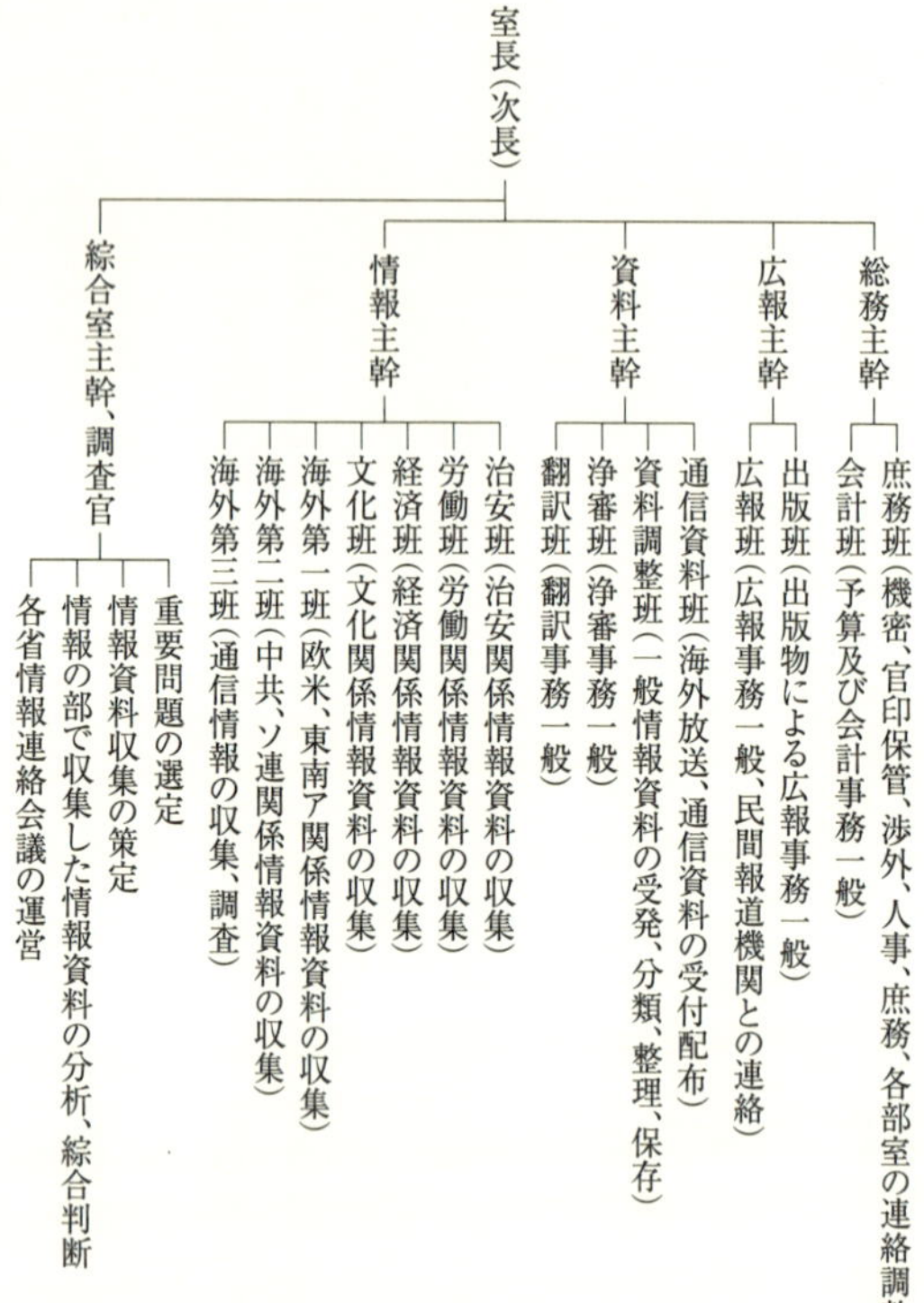

望月一郎が勤務していた時代の内閣調査室組織図

右に掲げる組織図は、望月一郎が勤務していた時代の内閣調査室のものである。セクションのなかに海外第二班がある。望月はおそらくこの班で、中国のリサーチを担当していたものと思われる。

調査官といえば、経験と豊富な専門知識がものを言う世界だ。望月はどうやら内調の初期の時代から中国専門家として働いていたようだ。その際、中野学校時代に学んだ知識が役に立ったことはいうまでもあるまい。望月が内調の創設期に総理府に入庁していたとすれば、それは昭和二十七年（一九五二）ということになる。その時代には、まだ多くの戦犯が中国に抑留されていた。またその時期、日本は台湾との間に日華平和条約を結んでいて、中国とは戦争状態にあり、表向き人や物の往来は途絶えていた。

このような対中関係のなか、民間主導で貿易促進が図られたのは、昭和三十七年（一九六二）十一月に結ばれた日中総合貿易覚書の締結であろう。いわゆるＬＴ貿易の開始である。それ以来、日中間の人と物の往来が再開して、日本から貿易関係者や商社員が訪中するようになった。そのなかに、身分を偽装した内調関係者が紛れ込んでいたとしても不思議ではない。

第七章　「最後の抑留者」の証言

中野学校卒業生に間違われた「最後の抑留者」

私はかつて、中国で戦犯（スパイ）として二十年余り上海監獄に囚《とら》われていた深谷義治（取材時は島根県大田市在住）を取材していた。当時の彼は帰国してからまだ、五カ月しか経っていなかったが、正確な日本語で話していたことを思い出す。

深谷へのインタビューで、中野学校について話した箇所があった。

「昭和四十一年（一九六六）、中国政府は妻に『深谷義治は歴史上（戦犯）の問題であるから、日中関係が少し好転すれば直ちに釈放する』と言明し、私にも同じことを昭和三十八年（一九六三）一月十三日以来、何度も言いました。

しかし、文化大革命以後、四人組は反日本軍国主義運動を起こし、私に向かって『日本政府が日本の家族へ支給している多額の金はスパイ機密費であるから、お前は現役の日本スパイに違いない。日本の新聞が深谷義治は陸軍中野学校を卒業していると報道しているから、終戦時に日本が潜伏させた現役のスパイである』ときめつけました。彼らは昭和四十五年（一九七〇）九月、長男の夢龍を無実の罪で逮捕迫害し、妻の綺霞に対しても、四人組が群衆を駆り立てて『日本軍国の母』とののしり、長年月にわたる厳しい迫害を与えました。

妻は厳しい迫害と経済的苦境に耐えながら、私が逮捕された当時、生まれてわずか一カ月半余りだった娘の麗容をはじめ、四人の子供を育てながら、二十年四カ月間、私の釈放を待ち続けてくれました。三十七年来、幾度も私と生死を共にし、四人の子供たちを立派に育てあげてくれた妻に心から感謝しています」

深谷の容疑は戦犯というよりも、終戦時に日本側が中国に在留させた残置諜者（スパイ）で、深谷を中野学校の卒業生と認識していたようだ。だが、深谷は中野学校の卒業生ではなかった。

「私は四人組徒党に向かって、『昭和二十年（一九四五）八月十五日以来、日本政府から一銭の金ももらったことはない。日本の家族が日本政府から私に関わる金がもらえるはずはない。私は現役のスパイではないし、陸軍中野学校の門を入ったこともない。日本陸軍憲兵学校丙種学生隊を卒業した憲兵曹長だった』と最後まで反撥反駁《はんぱつはんばく》を続け、生命を賭《と》して日本国の利益を守り抜きました」

私は取材当時、文革時代に報じられたとされる深谷の記事を探したが、残念ながら発見することはできなかった。しかし、その記事は深谷を尋問した四人組の関係者がでっち上げたものではないかと推測していた。

深谷が中国から釈放されたのは、日中国交回復が決まった昭和五十三年（一九七八）十月であった。当時の新聞は「『最後の抑留者』帰る」と、次のように報じていた。

〈第二次大戦後、中国で『スパイ罪』に問われ服役していた島根県大田市川合町出身の深谷義治さん（六三）が日中平和友好条約調印を機会に釈放され十二日夕、中国人の妻と四人の子どもたちとともに、大阪空港に着き四十年ぶりに母国へ帰った。外務省の話では、戦犯やスパイ罪で中国に抑留されていた日本人はこれで全部帰国したことになる、という〉（「朝日新聞」一九七八年十一月十三日夕刊）

深谷がスパイ罪に問われて公安部に逮捕されたのは戦後である。その経緯を次のように話した。

「昭和三十三年（一九五八）六月六日午後四時ごろ、天津から上海に帰る途中、特急列車のなかで上海市公安局の人間に捕まりました。当時私は、上海にあった天津市第一ガラス工場の出張所で働いていました。家族は妻と子供四人でしたが、生活はなんとかやっていました。〝戦犯容疑〟は戦時中、軍参謀部直属の謀略工作をやっていた時代に犯したとされるものでした」

昭和三十三年といえば、中国では八月の党中央政治局会議において農村の人民公社化が決議された年で、中国全土に人民公社建設運動の大号令がかかっていた。深谷の逮捕はこのような政治の空白時期に行われていた。

中国での謀略工作

彼の話は戦中の謀略工作へと進んだ。

「私は最初から憲兵学校に入ったのではありません。支那事変の勃発《ぼっぱつ》まもない昭和十二年（一九三七）七月下旬、戦時召集令状で浜田（島根県）にある歩兵第二十一連隊に第二補充兵として徴兵されたのです。連隊では、第一重機関銃中隊に配属されました。十二月下旬に連隊は中国大陸に出兵し、私の中国での軍人生活が始まりました。

在支中の昭和十四年六月、『北京日本憲兵教習所』に入校して翌年八月一日に卒業、階級は憲兵伍長勤務上等兵でした。兵隊のときは予備役でしたが憲兵になると現役兵になり、済南の憲兵分隊に配属されました。しかし、憲兵の制服で勤務したのはわずか四カ月足らずで、昭和十五年末には特殊勤務を命ぜられ、憲兵手帳を含む一切を返納して除隊したことにされたんです。

その後は支那服で一般人に偽装して活動しました。所属は済南の第十二軍司令部参謀部で、共産党軍と国民党軍に対する謀略工作の命令は、北支那方面軍司令部参謀部からも直接受けていました。また、上海の第十三軍司令部参謀部の協力も得ていて、華北、華中、華南のどこへいってもよいという絶対の行動を許されていたのです。

しかし、いかなる状況下にあっても、軍参謀部直属の謀略憲兵という身分は絶対に暴露してはならない。万一、殺されたらそれまでと厳命されていました。

私は一介の支那商人になりすまし、身分を偽装するために妻・綺霞と上海で一緒になりました。昭和十六年（一九四一）四月のことで、妻は十六歳でした。私は憲兵なので正式に結婚することはできず、軍の機密を守るため、妻にも憲兵の身分は決して告げませんでした。

謀略工作としては、フランス租界での情報収集や、北支那方面軍参謀部の命令で北海銀行券の偽造紙幣も使いました。北海銀行券というのは当時の中共政権の辺区紙幣で、共産党の支配地域で流通していたものです。これで綿花や食糧を大量に買いつけて、金融市場を混乱させる工作でした」

深谷が語る〝偽造紙幣〟とは、陸軍登戸研究所が製造していたもので、登戸製の偽札は中野学校の卒業生が現地に運んでいた。深谷は知らなかったであろうが、この謀略工作には中野学校と登戸研究所が深く関わっていたのである。

だが、昭和十六年七月一日に、北支那方面軍参謀部から工作中止命令が出されて、偽造紙幣は焼却された。

「理由はこの工作を浸透させると、日本政府が中共政権の合法化を認める結果になるからということでした。昭和十八年九月下旬、参謀部の命令で、私は東京の陸軍憲兵学校（中野学校の東隣りにあった）丙種学生として同校の専科に入学しました。卒業後は再び支那に戻り、昭和

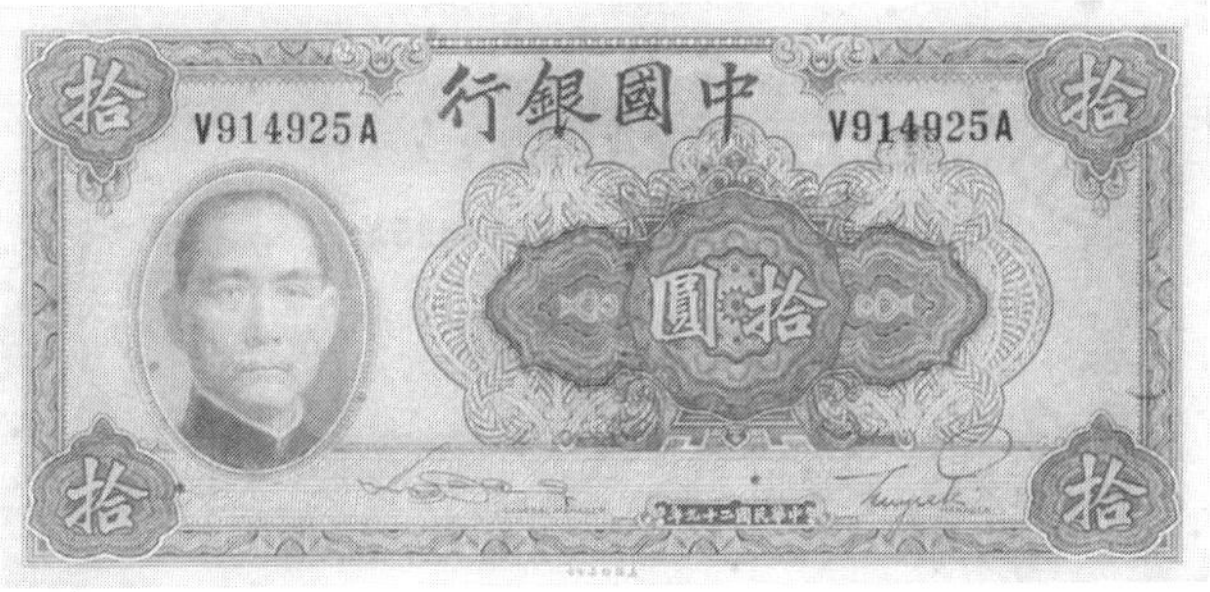

陸軍登戸研究所で製造された偽造紙幣

十九年五月に北京の憲兵隊司令部に勤務しました。

昭和二十年八月十五日、終戦当日の朝八時過ぎ、私は上司の許可を得て憲兵隊司令部から脱出し、市内の前門外にある旅社に泊り込んで情報収集に当たりました。それからです、私の単独行動が始まったのは……」

深谷の単独行動は、終戦から間もない九月三日に、北京からの脱出で始まった。目的地は妻の住む上海であった。国共内戦の戦場をくぐり抜け、三十二日間を費やして十月五日、上海に辿《たど》り着いた。その後は妻の協力を得ながら金銀・株式の売買や、古物商などの仕事をしながら、上海に潜伏して情報活動を続けていた。ところが、昭和三十年（一九五五）に妻の親戚《しんせき》が、深谷は日本人であることを公安局に密告して以来、公安局の偵諜《ていちょう》と尾行がついた。

公安局に逮捕されるまでの経緯はどうだったのか。

「三年前から上海の公安局に目をつけられました。しかし、偵諜や尾行は、長年諜報憲兵として活動してきた職業的感覚で簡単に察知できました。

私の推測は当たりました。昭和三十三年五月二十九日夕刻、天津に出張するため友人に見送られて上海駅（北駅）に行ったところ、公安局が二人の監視員を派遣していることを察知したんです。私は直ちに友人に、私が天津から出す手紙の右上角に「・」点を打ってあれば逮捕されたと思え、と妻に伝えてくれるよう伝言しました。予測したとおりでした。

天津に着くと、天津第一ガラス工場は私を、南市公安分局前の旅社に宿泊させて監視を続けながら仕事をさせ、六月四日の夕刻、突然上海に戻って責任者のところへ行くよう指示してきました。天津西駅から上海行特急列車に乗りましたが、私は公安にずっと監視されていました。列車が常州駅を発車して間もなく、私は車中で逮捕されて、次の蘇州駅で下車させられ、待機していた乗用車に押し込まれて上海市第一看守所監獄に護送されました。

監獄に監禁されて厳しい取り調べを受けましたが、当局は私の過去をすっかり調べていました。『お前は憲兵として謀略工作に従事し、国家及び人民の利益を侵害した。中国の抗日事業を破壊したのは戦争犯罪である』と決めつけて、私を戦犯に指定しました。私はこれを認めました。しかし、上海に十三年間潜伏して尽くすべき任務は全うしたと、自分では誇りに思っています。

十三年間の潜伏活動で集めた貴重な情報は、ある日本人に渡していました。その人物は総理府に勤めていました。もう退職しているはずですが、役職や名前を明かすことは勘弁して下さい。迷惑がかかるとまずいので……」

深谷と望月の関係

深谷が中国情報を渡した相手が総理府の人間であったとは。私は取材当時、その相手にはそれほど関心をもたなかった。しかし今回、望月一郎の中国情報について取材を進めて行くうちに、初めて望月と深谷の間になんらかの関係があったのではないかという想像が深まってきた。

私は平成十六年（二〇〇四）の年末に深谷に連絡を入れてみたが、「もう中国時代のことは話したくない」と、取材を拒否された。久し振りに聞く深谷の声は心なしか沈んでいた。深谷は八十九歳になっているはず。果たして私が想像するように、望月と深谷の関係はあったのだろうか。それにしても望月はいつ頃、中国に渡ったのか。少なくとも、日中国交が回復する以前に潜入していたことは間違いあるまい。

前述したように、LT貿易が始まったのは昭和三十七年（一九六二）十一月のことだ。中国が原爆実験に成功したのはそれから二年後の十月十六日、国交回復はさらに八年後の昭和四十七年（一九七二）九月二十九日である。深谷が逮捕されたのは昭和三十三年（一九五八）六月四日。LT貿易が始まる四年前のことである。

望月はどのような方法で中国に潜入し、深谷と上海で連絡を取り合っていたのだろうか。当時は、内調が発足してから九年が経っているが、中国へ潜入するには、漁船を仕立てる以外に方法はなかったと聞く。

望月と同期の八丙出身者に、戦後の望月について聞いて廻《まわ》った。複数の同期生は、内調に勤めていて中国の原爆実験成功の情報を摑《つか》んだことは聞いているものの、具体的なことは一切聞いていないと語るばかりであった。

私は最後の手段として、島根に深谷を訪ねることにした。一月上旬の川合町には雪が舞っていた。十八年ぶりの訪問である。深谷は、私のことを覚えていた。しかし、私の必死の説得にも、彼は頑として内調関係者の名を明かさない。私は望月が昨年（平成十六年）四月に亡くなったことを深谷に伝え、さらに何度も懇願した。しかし、深谷は最後まで相手の名を告げることを拒み、ついには家の奥に引っ込んでしまった。表情はますます険しくなっていた。

深谷と会って会話を交わしたのはおよそ十分間ほどであった。奥さんの綺霞がとりなしてくれたが、深谷は二度と姿を現さなかった。一方の当事者と睨《にら》んだ彼の証言が得られず、望月との関係を証明することは叶《かな》わなかった。帰路の夜道でタクシーを待つ時間がいやに長く感じられた。農道には雪が積もり始めていた。

中国の核実験情報

陸軍中野学校の卒業生に間違われて中国公安当局に逮捕され、二十年余りも上海監獄に閉じ込められていた深谷義治。逮捕前は上海を中心に諜報活動を行い、集めた情報を総理府の関係者に渡していたと本人は証言する。だが、深谷は最後まで「関係者に迷惑がかかる」と、相手の名は明かさなかった。

私は、その相手を望月一郎と想像した。しかし、これはあくまで推理でしかなく、両者の関係を裏付ける証言なり、資料を得ることは平成十七年（二〇〇五）四月現在、できていない。

東京外国語学校時代にロシア語を学び、中野学校では第三班でロシア語班に属していた望月が、戦後は内調で海外第二班の中国担当になっていたことも、私にとっては興味深い点だ。しかし、生前の望月に会うことは叶わなかった。内調で伝説的な人物と語られてきた望月一郎——肉声をぜひ聞きたかった相手である。

外務省は平成十七年二月から、戦後外交文書の一部を公開すると発表した。十九回目である。今回公開されるのは昭和二十年（一九四五）七月から昭和四十九年（一九七四）末までの文書、約九万六千ページ分である。そのなかに「原子力関係」として、中国の原爆実験成功に関する外交文書も入っており、当時の日米間の対応が明らかにされた（「産経新聞」二〇〇五年二月二十五日朝刊）。

それによると、当時の池田内閣は、米国が「実験を探知できた」とＣＩＡ（中央情報局）クライン情報担当次長を日本に派遣して、米国がどのようにして実験を探知したかを椎名悦三郎外相に説明したという（「朝日新聞」二〇〇五年二月二十五日朝刊）。

だが、外交文書は米国側の探知技術や方法については触れておらず、両国がどの程度のレベルで情報交換をしたのかは不明である。一方、日本側は鈴木善幸官房長官が談話という形式でコメントを発表していた。

〈核実験から兵器の保有に至るまでには困難かつ長期の研究と努力を要する。日米安保条約が厳存している限り、我が国にはなんの影響も危険もありえない〉

官房長官のコメントは情報入手には一切触れておらず、外交文書では中国の原爆実験成功の情報を日本側が事前にどのようにして入手したかも明かしていない。

果たして、日米情報交換会議で日本側は内閣調査室のインテリジェンスを米側に説明していたのだろうか。その辺りの日米間の具体的な協議内容については、今回の外交文書では全く伏せられている。

ただ、日本側が予測したのは、製造の簡単なプルトニウム型原爆であった。しかし、実際は、高い濃縮技術を要するウラン型原爆であったことに、外務省は衝撃を受けた。だが、このウラン型原爆の情報にしても、内調情報が間違いなく官房長官経由で官邸に上がっていたと思われる節がある。日米情報交換会議の席上、内調側から日本も事前に情報を入手したことを、CIA側に伝えたという証言もあるからだ。

いずれにしても望月の果たした役割は、日本にとって画期的な成果だったことだけは揺るぎない事実であろう。ちなみに米国は、中国の原爆実験に関する予告情報を、昭和三十八年（一九六三）九月にラスク国務長官が公表していた。

当時の外務省中国課は、「中国原爆実験成功」に対して、「フランスも未開発だったウラン235を起爆剤に使った原爆実験は、予想以上に技術レベルが高い」との認識を示していた。中国のウラン型原爆実験の成功が、西側諸国に軍事的脅威を与えたことはいうまでもない。それにしても鈴木官房長官のコメントは、危機感の欠落した政府見解ではなかったか。それとも、「日本は独自に情報を入手していた」という自信があっての対応だったのか。その真相を語る資料は、今でも内閣情報調査室の金庫の奥にしまわれたままである。

終章　陸軍中野学校の戦後を追って

現在の中野駅周辺。左手一帯に中野学校があった

歴史は遠く

後方勤務要員養成所時代を含め、七年間だけ存在した陸軍中野学校——この学校は陸軍大学校と同じように参謀総長の直轄校で、わが国では唯一の情報工作員を養成する特殊学校であった。

現在、中野区役所が建っている一帯は、戦前「囲町」と呼ばれ、陸軍電信隊の跡地であった。教育総監部の管轄下にあった陸軍憲兵学校と塀を境にして、西側に参謀本部直轄校の陸軍中野学校が置かれていた。だが、早稲田通りに面した表門に掲げられていた看板には「陸軍省通信研究所」とあり、中央線の線路側に作られた裏門には「東部第三十三部隊」と書かれた木札が掲示されているだけで、そこが「陸軍中野学校」であることを示すものは一切なかった。

それだけに、開校した当時は、憲兵学校の教官すら中野学校を不気味な存在と見ていて、近寄ることもしなかったという伝説が残されている。事実、戦後になって、中野学校がマスメデイアで「スパイ学校」などと紹介されると、中野学校卒を名乗る人間があちこちに出没して、世間の話題をさらった。まさに中野学校は、正体不明の存在であったわけだ。

私は取材の仕上げに、この地を訪ねた。残念ながら、囲町の町名は昭和四十一年（一九六六）の地名変更で消えてしまい、現在は中野区中野四丁目となっている。囲町の地名を残すのは区役所裏の「囲町公園」だけになってしまった。

学校本部や寄宿舎、実験棟、運動場があった場所は戦後、国有地として警察大学校や管区警察学校などの施設が置かれていたが、平成十七年（二〇〇五）三月現在はそれらの施設も解体工事が進められていて、関東財務局の許可がないと敷地に立ち入ることができない。

敷地内には、中野校友会が建てた高さ四十センチの小さな記念碑（二二六ページ写真）がある。そこには「陸軍中野学校趾」と彫られている。揮毫《きごう》したのは学校の幹事役にあった福本亀治である。戦後六十年を迎えようとする今、かつてこの地に情報工作員を育てた学校が存在したことなど、関係者以外に知るものは誰もいない。歴史は遠くなってしまった。

中野学校終焉の地

陸軍中野学校の戦後史を追う取材は、京都・東山の霊山観音で開かれた「留魂碑二十三年祭」に出席したことから本格的に始まったが、以来この地に来たのは初めてであった。中野学校は昭和二十年（一九四五）四月に、東京の空襲から逃れるため、群馬県富岡町（現富岡市）の富岡中学校（現県立富岡高校）に疎開した。その理由について、前掲書『姿なき戦い』は次のように記している。

〈昭和二十年四月、本校は中野より群馬県富岡町に移転し、主として学生に遊撃戦幹部としての教育を行った。疎開の候補地は富岡の他に郡山（福島）沼田（群馬）軽井沢（長野）などがあったが、将来大本営が松代（長野）に移転される構想の下に、その連絡などに便利な富岡町が選定された〉

私が富岡に足を運んだのは三月も半ばになっていた。この日は快晴で、上毛三山も稜線がくっきりと見えていた。高崎と蒟蒻《こんにゃく》で有名な下仁田《しもにた》を結ぶ上信電鉄の途中駅に上州七日市駅がある。駅舎を出ると目の前にあるのが県立富岡高校だが、戦前の富岡中学校時代の面影はほとんど残っていなかった。唯一、当時、中野学校の学生が精神道場として使っていた武徳殿だけが取り壊されずに残されていた。

また、高校の別館の隅に、かつてこの地に中野学校が存在したことを示す楠公碑と、由来を記した碑がひっそりと建てられていた。

富岡高校の敷地に建てられた楠公社の石柱と由来の碑

敬神道場として使われていた武徳殿

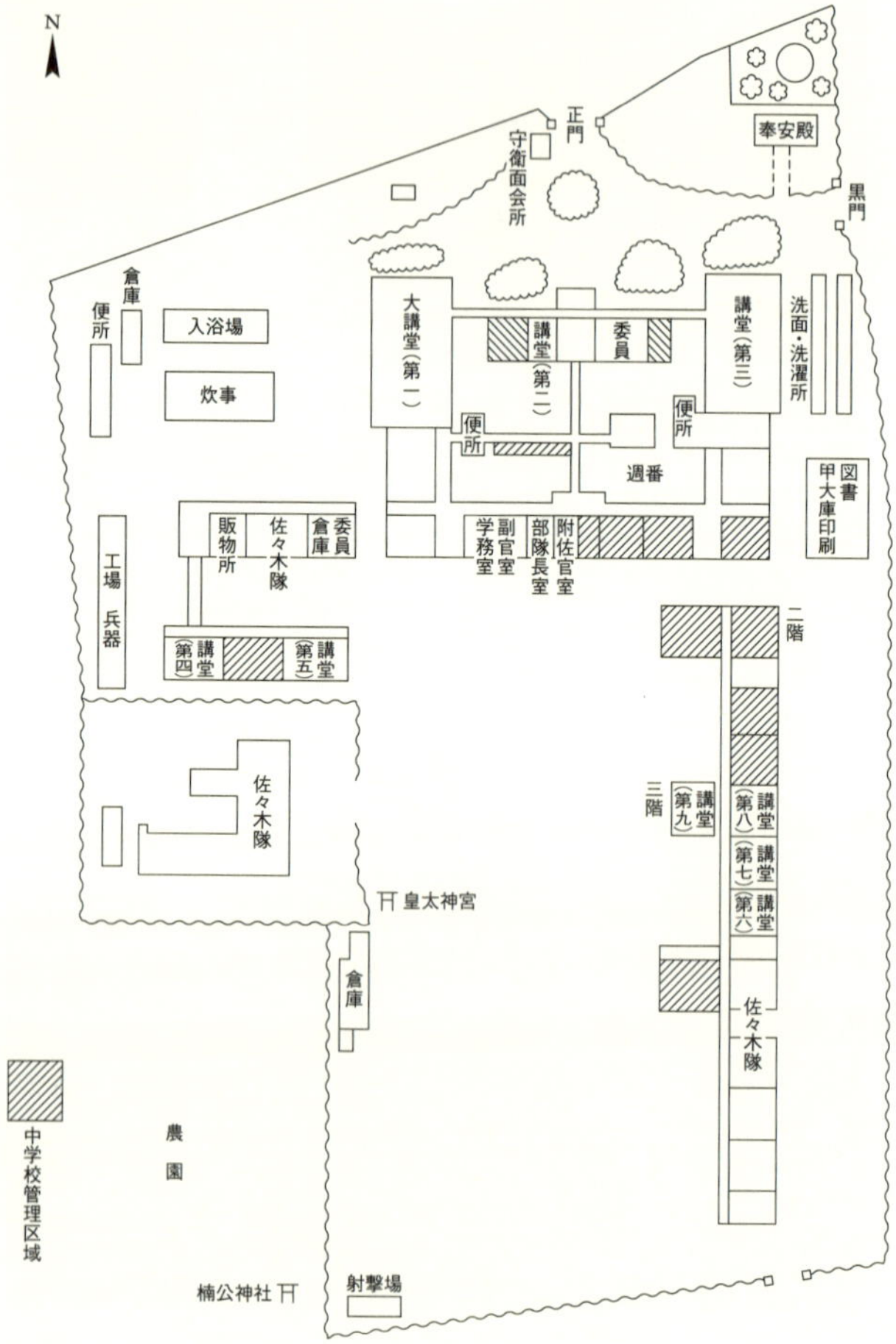

富岡における陸軍中野学校配置図

楠公碑は中野から運び込んだもので、戦後、校庭にうち捨てられていた碑を卒業生たちが掘り起こして現在地に再建したという。いわばこの地は、当時ここで教育を受けていた九丙、十丙、八戊の学生、そして終戦一カ月前に卒業した五乙、八丙、七戊の学生にとっては〝聖地〟であるようだ。

中野学校が富岡に移転したのは、『姿なき戦い』に記述されているように、大本営移転構想を下敷きに、富岡が松代を防御する最前線である地理的条件を考慮しての選定であったようだ。引っ越しの状況についても前掲書は書いている。

〈昭和二十年三月中旬移転準備を完了し、一部を三月下旬、主力は四月末日に移転を完了した。移転にあたって貨物は校舎南側の引き込線で主として学生の努力によって積載した。夥《おびただ》しい什器《じゅうき》、器材等は空襲の間隙《かんげき》を縫って鉄道により中野駅より中央線、八高線、高崎を経て上信電鉄富岡駅に輸送し、牛馬、馬車を以《もっ》て、配置区分に従い集積された〉

昭和二十年当時の移転前の中野学校の配置図を見ると、中央線から分かれて学校の近くまで引き込線が引かれていることが確認できる。鉄道を使って引っ越し荷物を運んだわけだが、そのルートは中野―八王子―高崎―富岡が最短距離であった。高崎から私鉄の上信電鉄への乗り

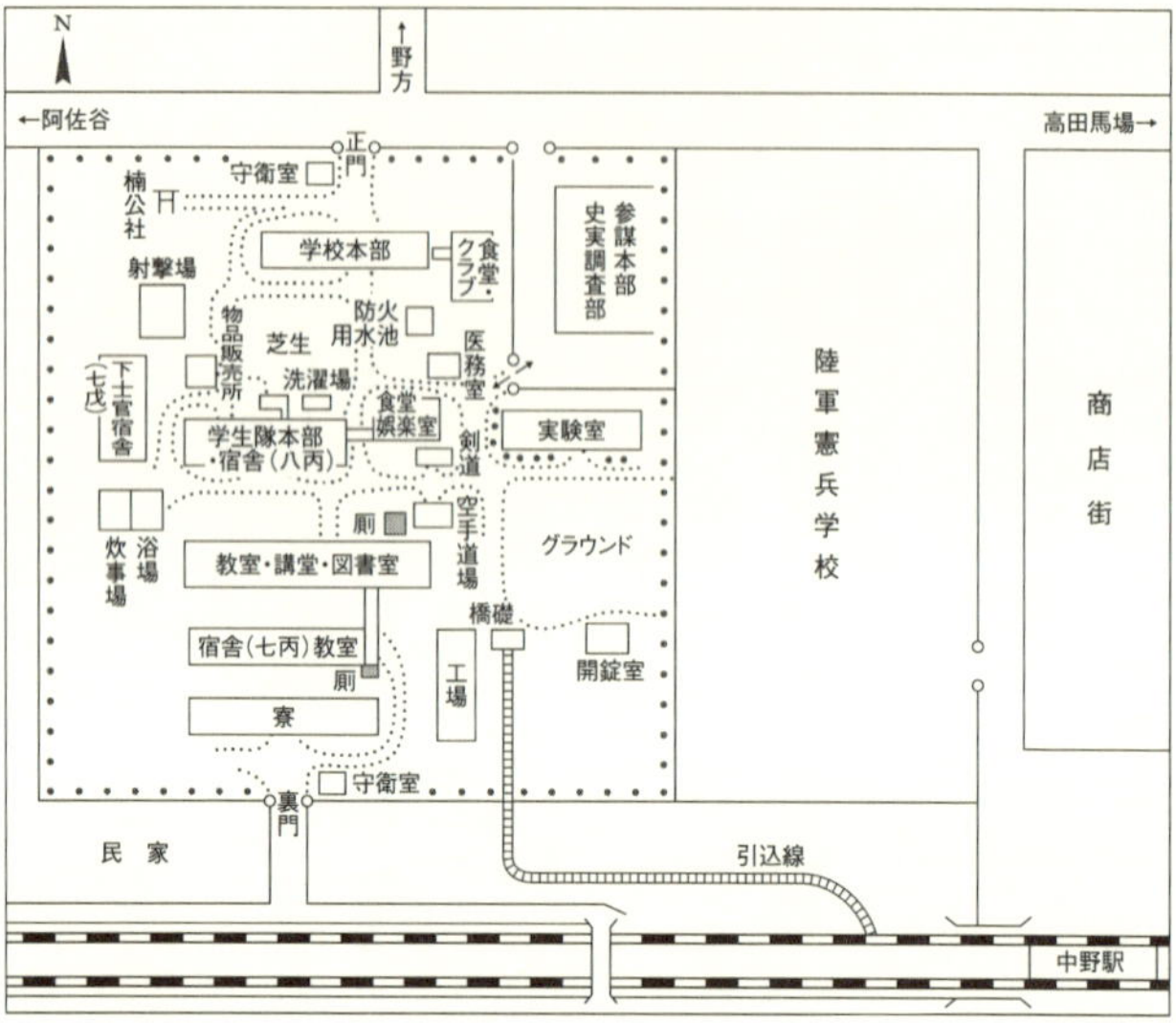

昭和二十年当時の陸軍中野学校配置図（櫻一郎の証言により作図）

入れは、官鉄とゲージ幅が同じだったため、ポイントの切り替えだけで簡単に貨車を上信電鉄に通せたわけである。

　もうひとつ肝心な点は富岡の地形で、八丙の斎藤津平が保存していた「校外綜合《そうごう》演習計画書」（巻末に所収）には、富岡近郊の地形を生かした遊撃戦のシミュレーションが詳細に述べられている。演習の際に使った地形図と部隊配置図から推測すると、富岡が移転先として選定された理由が理解できた。東京まで約百キロ、松代まで百二十キロ、高崎までは四十キロ。平野の外周が峻剣《しゅんけん》な山岳地帯であり、遊撃戦の展開には理想的な地形であった。

　私は富岡高校の校庭に立ち、終戦前後の中野学校の状況を証言してくれた三丙出身の小俣洋三の言葉を想起していた。小俣は当時を述懐して語っている。

「中野学校の痕跡《こんせき》を残さないように資料を完全に焼却し、武器等は埋めました。十八日までは黒煙が校庭を覆っていました。次に富岡役場に申し出て、学校にある物資や資材は、全部処理してほしいと伝えました。馬車が何十台か来たことを生々しく思い出します。

十八日の夜七時、残り火を消し、真っ暗の校内外を一人で見廻《みまわ》りました。これで中野学校の歴史が閉ざされたかと、断腸の思いが込み上げ、涙がとめられなかったのを忘れられません」

富岡校の校庭で写した九丙学生（氏名不詳）

六十年前、この地で陸軍中野学校は終焉《しゅうえん》を迎えた。そしてその組織は、小俣が述懐するように「歴史が閉ざされた」。だが戦後、中野学校の人材は各方面で活躍をはじめ、情報の世界でも息を吹き返した。組織ではなく個人として、中野時代に学んだノウハウを新生日本の情報組織に提供した。情報組織の構築に寄与したことによって、中野学校の戦後の歴史が新たに生まれたことを、私は今回の取材で明らかにしてきた。

中野学校を追い続けて

先述したが、陸軍中野学校（二俣分校を含む）の第一期生から在校中に終戦を迎えた十丙と八戊、それに二俣分校の四期生までを含めた総数は二一三一名であった。そのうち戦死者二八九名、不明者三七六名。刑死者は新穂智を含めて複数名の犠牲者が出た。

私が三年間の取材で訪ねた中野関係者は、四八名にものぼった。若くても七十八歳、最年長者は九十二歳になっていた。そして取材中に訃報に接した相手は三名もいた。そのなかには戦後、創成期の情報組織に就職した卒業生もおり、生の証言を得ることができなかったことが悔やまれる。そして、同期の仲間との懇親会後に急逝した卒業生もいた。また、病死した人たちも……。

陸軍中野学校を追い続けてきた私のエネルギーの源は何だったのか。いま思えば、不思議な気がしないでもない。取材を始めたころは、これほど時間がかかるとは考えていなかった。しかし取材が進むうちに、中野学校の戦後史には不明なことが多いことがわかり、そして、それがかえって取材の励みになったことも事実である。

戦後、陸軍中野学校が注目を浴びたのは、残置諜者《ちょうしゃ》として三十年もフィリピン・ルバング島のジャングルで孤独な戦いを続けていた、二俣分校一期生の小野田寛郎少尉が、元上官等に救出されてからではなかったか。小野田は昭和十九年（一九四四）の卒業演習旅行で、南朝と縁の深い井伊谷宮に参拝している。「省魂録」には同期生の作に混じって、小野田の辞世が残っていた。

〈賤《しず》が身に熱き血潮をたぎらせつ今井伊谷の宮をおろがむ〉

また帰国後、小野田は「俣一戦史」に次の一文を寄せていた。

〈二俣というと、私はすぐ〝佐渡おけさ〟を思い出す。今でも沢山教官のこんな言葉が耳に残っているからだ。「佐渡おけさには、いわゆる正調というものがない。節も振りも、これが正しいというものがない。各人の好みによって、いくら歌い崩してもいいといわれている。ここの教育も同じである。遊撃戦は、各自がそのとき、その場に応じて適切と思われる処置をとることを最上とする。

つまり臨機応変である〉

教官の多くは〝佐渡おけさ〟を譬《たと》えに、遊撃戦士として戦地に潜入する学生に、任務の遂行には臨機応変に対処しろと教えていた。捕虜になることを恥じるな、とも教えていたという。

〈二俣では捕虜になってもかまわないと教えた。捕虜になったら捕虜になったで、敵にニセの情報を流す。そのためにわざわざ偽装投降する場合もある。わざと捕まって捕虜収容所に入り、先に入っている者と連絡を取ることもある〉

「捕虜を恥じるな」とは中野学校の一貫した教えで、西部ニューギニア戦線で神機関長として情報工作に当たっていた一期生の新穂智も、部下に「捕虜を恥じるな」と督励していた。中野学校では、情報が命であるという価値観を徹底して教育していたことが、小野田の言葉や新穂の部下に対する督励からも伝わってくる。

私が取材したのは中野学校本校の関係者が大半であったが、なかには戦後、油山事件で戦犯になった山本福一や、下山事件の詳細を知ると思《おぼ》しき奥山の実家、その同期生の清沢など、複数の二俣分校出身者も取材している。

二俣分校は昭和十九年（一九四四）八月、現在の静岡県天竜市二俣に開校した。四期生までが入校したが、卒業生と在校生を含む総員は五三〇名で、うち戦死者は三九名。不明者は一五五名も出ていた。本校の戦死者は二五〇名、不明者は二二一名なので、両校をあわせた戦死者数は二八九名、不明者の数は三七六名に達していた。

卒業者総数二一三一名のうち、不明者三七六名は一七・六パーセントにあたる。卒業生は戦地で行方不明になった者と、終戦時、中野学校を除隊して郷里に復員した者に分けられるが、不明者の消息は戦後になっても多くが確認されていない。

米国にいる三人の元卒業生と、この三人の消息を教えてくれた三丙出身を名乗る前沢。少なくとも、この四人が陸軍中野学校の不明者であることは間違いあるまい。戦後はかつての戦友とも縁を切って、別の人生を生きてきた卒業生たちだ。

彼らの戦後史とは一体、どのようなものだったのか。前沢は下山事件となんらかの繋《つな》がりがあったのではないか。米国に渡った三人の目的はなんだったのか。理由は全く分からないが、中野学校卒業という彼らの経歴から推し量れば、米国の情報機関に就職したとしても荒唐無稽《むけい》とはいえまい。実際、かつて陸軍登戸研究所について取材したとき、元所員が戦後渡米して米国籍を取得し、ＣＩＡに勤めていた事実を確認したことがあった。

陸軍中野学校卒業生の戦後史を追い求めて訪ねた土地は、東京に始まり大阪、京都、奈良、福岡、熊本、徳島、長野、福島、新潟、宮城、埼玉、群馬の一都二府十県を数える。そして、米国バージニア州に住む吉田……。

中野学校の卒業生は現在六百余名が健在だが、最年長者は九十三歳になっている。平均して

元警察大学校の敷地に建てられた陸軍中野学校の碑

も七十七、八歳であろう。大半の卒業生は戦後就いた仕事をリタイアして、自適の生活を送っている。中野学校で学んだ時間を人生の記録に留《とど》めるだけで、自らの歴史を封印した。面談した卒業生の家族で、当人の軍歴を知るものはほとんどいなかった。その理由は私には分からないが、「黙して語らず」だけが理由とは思えない。

彼ら卒業生が自らの歴史を封印した真の理由とはなんであったのか。私は執筆を終えた今でも、その答を探している。そして〝陸軍中野学校の真実〟を追い求める取材の旅は、現在も続く。

〝諜報員の世界〟は、決して超人が活躍する舞台ではない。ごく普通の常識を持った諜報工作員が、プロの実力を賭《か》けてＵｎｓｅｅｎ Ｗａｒを戦っている。かつて秘密戦士と呼ばれた中野学校卒業生——彼等の後輩は今日でも、陸軍中野学校の教育と精神を受け継いだ情報戦士として、どこかの組織に属しているのかも知れない。

（文中敬称略）

あとがき

序章でも触れたが、私が陸軍中野学校に関心を持つきっかけとなったのは、二年前に拙著『昭和史発掘　幻の特務機関「ヤマ」』(新潮新書)を読んで、読後感を手紙で知らせてくれた石川洋二氏との出会いであった。そして石川氏は、私を京都・東山の霊山観音に案内してくれた。

霊山観音の境内には戦死、あるいは行方不明になった中野関係者を慰霊するために、中野校友会が建立した留魂碑が建っており、毎年四月にはここで年祭が開かれていた。去年、石川氏は私を祭事に招待し、先輩や同級生を紹介してくれた。

当日、霊山観音に集まった関係者は、遺族を含めて二百余名。卒業生は九十一歳の一期生から七十代の十丙までの一三〇名になっていた。私は複数の卒業生と会場で話す機会をもった。しかし、肝心の中野学校の実態について語ってくれる人はいなかった。よもやま話に興じる人は、それぞれに卒業期別のグループをつくって、仲間だけで通じる〝中野戦史〟に花を咲かせていた。

帰路、石川氏がこう言った。

「斎藤さんが部外者だから皆さん、話さないんですよ。中野に興味を失いましたか」

私は石川氏のその一言で「部外者だからこそ、中野学校の真実を明かすことができるのではないか」と自問していた。留魂祭に参加して以来、私の中野学校との格闘が始まった。

訪ねた地は京都に始まり、奈良、大阪、福岡、熊本、徳島、宮城、新潟、福島、長野、群馬、埼玉、東京と広がり、米国まで足を延ばす結果になってしまった。取材した相手は五〇名近くにのぼった。なかには会っても「中野は黙して語らず。話せません」と取材を拒否する関係者も数多くいた。そして面会謝絶者も……。

私が最も関心を持ったのは、中野学校の戦後史であった。旧軍の機構や組織は終戦で解体されてしまった。中野学校も当然、組織は昭和二十年(一九四五)八月十五日をもって消えた。しかし、諜報《ちょうほう》・謀略・情報といった〝Unseen War(見えない戦争)〟を戦ってきた中野学校の卒業生は、戦後もどこかで戦っていたのではないか、という関心が彼らの戦後史に向いたのである。

取材を続けているうちに、戦後日本の再建を目指してGHQに潜入した卒業生が確かにいたこともわかってきた。さらに、真相までは追跡できなかったが〝下山事件〟に関わったと思われる人物にも行き着いた。

取材の成果の一つとして、陸軍中野学校は終戦ですべて消えたのではなく、卒業生の少数のグループや個人が戦後も〝Ｕｎｓｅｅｎ　Ｗａｒ〟を戦っていたという事実をドキュメントできたことが挙げられる。

本書を上梓するまでに多くの方たちの協力があったことはいうまでもない。中野学校関係者では特に、九丙出身の石川洋二氏を始め、同期の福嶋治平氏、一期生の牧沢義夫氏、乙二長の櫻一郎氏、三丙の小俣洋三氏、八丙の斎藤津平氏、俣一の山本福一氏、乙二短の村井博氏には適切なアドバイスと多くの助言をいただいた。

また本書執筆のきっかけを作ってくれたミリオン出版社（実話ナックルズ）の中園努氏には深甚なる謝意を表します。最後になりましたが、本書の企画に興味を示して、最後まで著者の我が儘《まま》な取材姿勢を応援してくれた角川書店書籍事業部の編集者、小林順氏には心からお礼を申し上げます。有り難うございました。

足掛け三年。私は陸軍中野学校の戦後史を追い続けてきたが、まだまだ解明できていない〝中野の世界〟があるはず。機会があれば、これからも戦後の中野学校を追跡していきたいと念じている。

戦後六十年。中野学校の卒業生も年々、鬼籍に入る人が多くなってきた。しかし、中野学校ＯＢの組織「中野校友会」の人脈は創立以来、次代に脈々と受け継がれている。取材中に実感したのは、そのネットワークの強固さであった。と同時に、情報伝達の早さに私は何度も驚いたものである。これも、中野学校の伝統なのかも知れない。

二〇〇五年六月

誌《しる》す著者　斎藤充功

引用・参考文献（順不同）

陸軍中野学校関係

「陸軍中野学校」　中野校友会編
「俣一戦史」　俣一戦史刊行会編
「中野校友会会誌」
「俣一会報」
「福本亀治先生と中野学校」　中野校友会編
回想録「日本に於ける秘密戦機構の創設」　福本亀治・中野校友会編
個人の備忘録（五点）
発掘資料「国体学」「偵諜」「謀略」「宣伝」「政治学」「重慶政権ノ政治、経済動向観察」「主要伝染病ノ概要」「人ニ対スル薬物致死量調」「戦術」「校外綜合演習計画書」「所感」

その他

「横浜弁護士会BC級戦犯横浜裁判調査」　横浜弁護士会編　日本評論社
「海軍乙事件」　吉村昭　文春文庫
「自衛隊『影の部隊』」　山本舜勝　講談社
「三島由紀夫とテロルの倫理」　千種キムラ・スティーブン　作品社
「あの時あの人」　春見二三男　私家版
「腐蝕の系譜」　吉原公一郎　三省堂

「謀略の構図」　吉原公一郎　ダイヤモンド社
「終戦秘録　九州8月15日」　上野文雄　白川書院
「陸軍中野学校の研究」　池田真之　私家版
「知られざる日本占領」　C・A・ウィロビー　番町書房
「姿なき戦い」　村井博　丸善京都出版サービスセンター
「陸軍中野学校の東部ニューギニア遊撃戦」　田中俊男　戦誌刊行会
「鉄砲を一発も撃たなかったおじいさんのニューギニア戦記」　深津信義　日本経済新聞社
「中国人民解放軍」　平松茂雄　岩波新書
「中国近現代史」　小島晋治・丸山松幸　岩波新書
「GHQ」　竹前栄治　岩波新書
「謀殺　下山事件」　矢田喜美雄　新風舎文庫
「日本の黒い霧③」　松本清張　文藝春秋
「マッカーサーの日本」　週刊新潮編集部　新潮社
「昭和史発掘　幻の特務機関『ヤマ』」　斎藤充功　新潮新書
「謀略戦　陸軍登戸研究所」　斎藤充功　学研M文庫
「昭和憲兵史」　大谷敬二郎　みすず書房
「年表　昭和史（1926―2003）」　岩波書店
「事典　昭和戦前期の日本」　百瀬孝　吉川弘文館
「帝国陸軍編制総覧」　井本熊男監修　芙蓉書房出版
「昭和史事典」　毎日新聞社
「占領軍対敵諜報活動―第441対敵諜報支隊調書」　明田川融　訳・解説　現代史料出版

資料　陸軍中野学校教材「戦術」より

編集部注　本資料は、陸軍中野学校の教材として使用されたものの一部を復刻したものです。原文は十七枚綴りで、手書きのため一部判読しづらい箇所がありました。また、今日では差別的ととられかねない表現がありますが、資料の歴史的価値に鑑み、原文通りといたしました。
資料提供／斎藤津平　図版作成／オゾングラフィックス

第三　想定及問題

(1)　前段想定　　二十万分ノ一　長野

五万分ノ一　榛名山、富岡

想定　一、信越線ニ沿ヒ西進セル米軍ハ目下軽井沢附近ニ於テ我ト対峙中ニシテ後方ノ整備ニ勉ムルト共ニ高崎附近ニ兵力ヲ集中シツツアリ

二、榛名山中ニ潜在中ナリシ前橋地区第五地区特設警備隊第一中隊（甲）ハ相馬附近ニ集中セル敵機甲部隊ヲ七月三日夜奇襲攻撃スベキ命令ヲ受ケ七月二日未明久留馬村附近ニ潜入シ攻撃準備中ナリ

三、七月二日一二〇〇迄ニ知得セル敵情並ニ中隊ノ態勢別紙要図ノ如シ

四、特警第一中隊ノ編成装備附表ノ如シ（規定ニヨル）

隊員ハ編成以来屢次ノ訓練ニヨリ素質逐次向上シツツアリテ又団結鞏固ナリ

(2)　問　題

一、第一中隊長ノ任務達成ノ腹案——攻撃ヨリ離脱マデ

小方眼紙　要図答解

六月二十九日一二〇〇提出

二、米軍機甲部隊掩撃ノ戦法ヲ白紙的ニ考案スベシ（爆薬量少キ場合）

三、米軍徒歩部隊ニ対スル掩撃並ニ誘致伏撃ノ戦法ヲ白紙的ニ考案スベシ

藁半紙　各別紙ニ答解

六月三十日　〇八〇〇提出

想定別紙要図
一、旧相馬廠舎ニハ戦車少クモ五十輌以上集結シアリ兵員少クモ五〇〇名ヲ下ラザル如シ
二、白川以西山中ノ住民ハ残存シアリテ敵ハ斥候等ヲ時々派遣シ捜索ヲ行フノミナリ

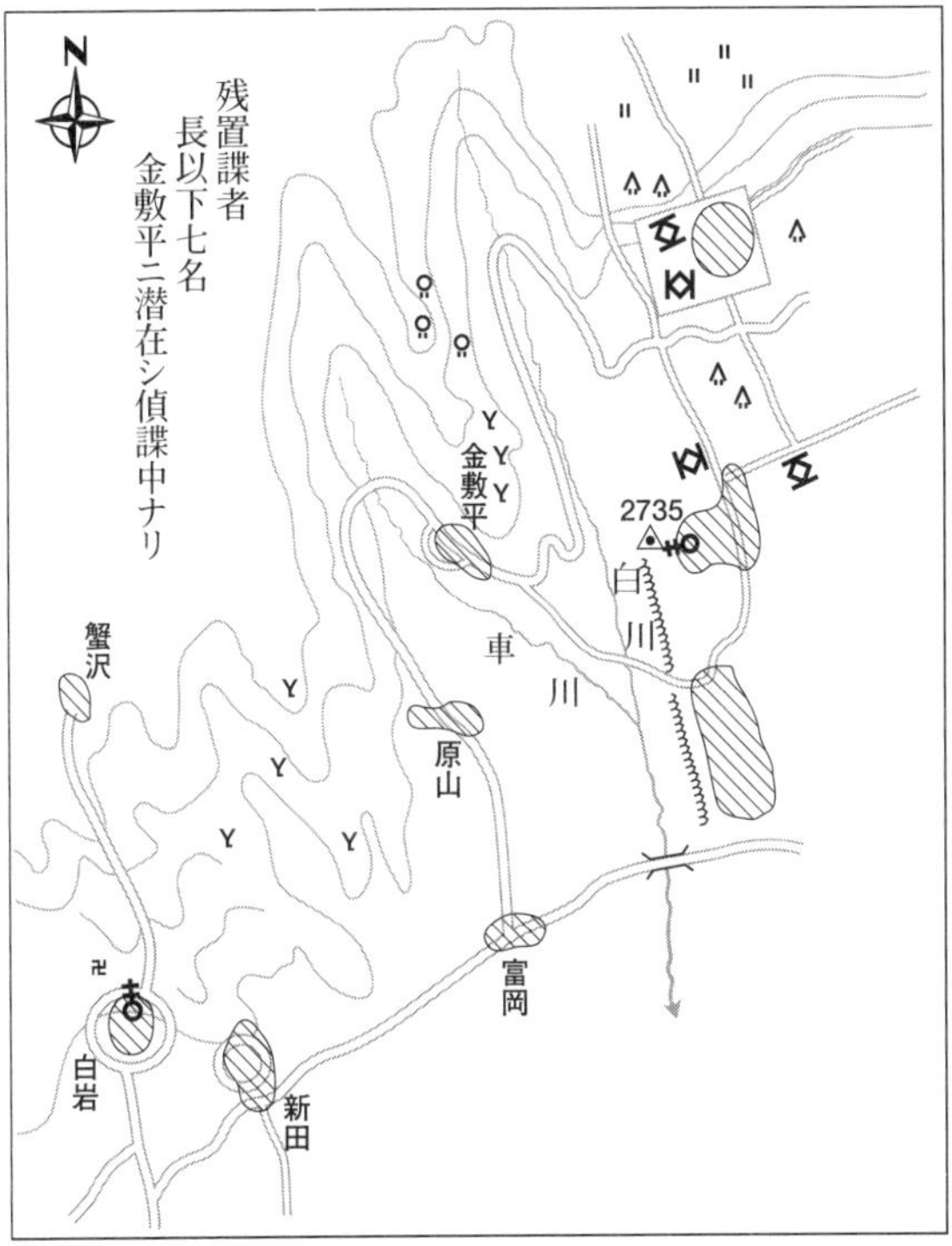

一、第一問題原案

方針　中隊、厳ニ企図ヲ秘匿シツツ攻撃ヲ準備シ七月三日二四〇〇ヲ期シ戦車部隊ヲ奇襲攻撃シ四日〇三〇〇迄ニ先ヅ白岩拠点ニ集結ス

攻撃ノ重点ヲ兵員ニ指向ス

要領一、二日昼夜間、中隊長ノ統一セル部署ニ依リ目標特ニ戦車ノ集結地点兵舎及其ノ周辺交通連絡警戒ノ状況ヲ偵諜ス。残余ハ拠点ニ於テ攻撃ヲ準備ス。偵諜ニ方リテハ残諜トノ連絡ヲ密ニシ連続的ニ偵諜ス

二、攻撃計画策定ノ資料タルベキ諜報ハ七月二日一五〇〇迄ニ中隊長ニ報告セシム

三、三日日没後行動ヲ起シ二二〇〇迄ニ目標附近ニ近接二四〇〇一斉ニ奇襲ヲ行ヒ各種ノ手段ニ依リ戦車及人員ヲ破壊殺傷ス。攻撃決行ノ時機ハ信号弾ヲ以テ示ス

通信連絡ノ施設ハ攻撃ト同時秘密遮断ス。特ニ前橋、高崎方面ニ対スルモノハ完全ニ遮断スルニ勉ム

四、攻撃後ハ各班毎ニ〇三〇〇ニ先ヅ白岩拠点ニ集結ス予備集結地点ヲ〇〇トス。残諜ハ依然金敷ニ潜在爾後ノ敵情ノ監視ス

五、連絡

1、残諜トノ連絡

二日一六〇〇――一七〇〇ノ間　原山西方一粁ノ無名寺

一七〇〇――一八〇〇ノ間　金敷西方車川橋梁下

爾後連絡拠点ヲ金敷ノ神社及白岩西方水車小屋トシ概ネ二日夜三日午前、午後各一回連絡ス

2、偵諜者ト拠点トノ連絡

①白岩西方水車小屋

②白岩　蟹沢道ト白岩　瀧沢道トノ分岐点

③蟹沢無名祠ニ於テ〇〇ノ標識連絡ヲナス

3、合言葉　カトリ――カシマ

六、企図ノ秘匿及偽騙

1、潜伏位置ノ秘匿ハ特ニ注意シ警戒ヲ厳ニスルト共ニ住民ノ利導保護ノ徹底ノ防諜ヲ強化ス

2、偵諜行動ヲ慎重ナラシム

3、部隊ノ行動ハ主要道路ヲ避ク

4、離脱ニ際シテハ企図ヲ察知セラレザル如ク偽騙行動ス

七、其ノ他

1、敵ニ攻撃準備拠点ヲ発見セラルル虞アルトキハ一時離散シ三日一九〇〇迄ニ十文字ニ集結ス

2、攻撃決行後ノ予備集結地点ハ後沢附近トス

3、給養ハ現地自活ニ依ル

部署　指導上略ス

資材　略

相馬機甲部隊攻撃計画

一、方針
中隊ハ三日夜敵我ノ間隙ヨリ隠密行動ニ依リ潜入シ主トシテ火力及爆破ニ依リ兵員及戦車ヲ破壊殺傷ス
状況ニ依リ強襲ニ転移スルコトアリ
攻撃ノ重点ヲ兵員ノ殺傷に指向シ決行ノ時機ヲ二四〇〇ト予定ス
二、要領
一、日没後白岩拠点ヲ出発シ残諜ト密ニ連携シ主力ハ金敷平西北方谷地附近森林⅓／1中ハ大原西方無名祠附近森林内潜入準備位置ニ潜行ス
二、爾後各小隊（班）ニ分散シ警戒ノ間隙ヨリ潜入二四〇〇攻撃決行ス
三、離脱ニ方リテハ班（分隊）毎ニ分散離脱シ〇三〇〇迄ニ白岩拠点ニ集結ス
四、予備集結地ヲ「後沢」トス
三、兵力部署

部署	目標	手段	資材	決行後ノ行動
中隊長 指揮班 第三小隊一分隊	本部及 兵舎	火器ニ依ル殺傷 手榴弾ノ投擲	小銃信号弾　一 手榴弾 発煙筒　二	西方ニ離脱
第一小隊	南側兵舎 及戦車	火器ニ依ル殺傷 手榴弾ノ投擲 爆破	小銃発煙筒　四 手榴弾信号弾　一 爆薬　二十瓩	西南方ニ離脱
第二小隊	北側戦車	爆破	小銃発煙筒　四 手榴弾信号弾　十 爆薬　五十瓩	北方及西方ニ離脱
第三小隊 （一分隊欠）	北側兵舎 及戦車	火器ニ依ル殺傷 手榴弾 爆破	小銃発煙筒　二 手榴弾信号弾　十 爆薬　十六瓩	西方ニ離脱

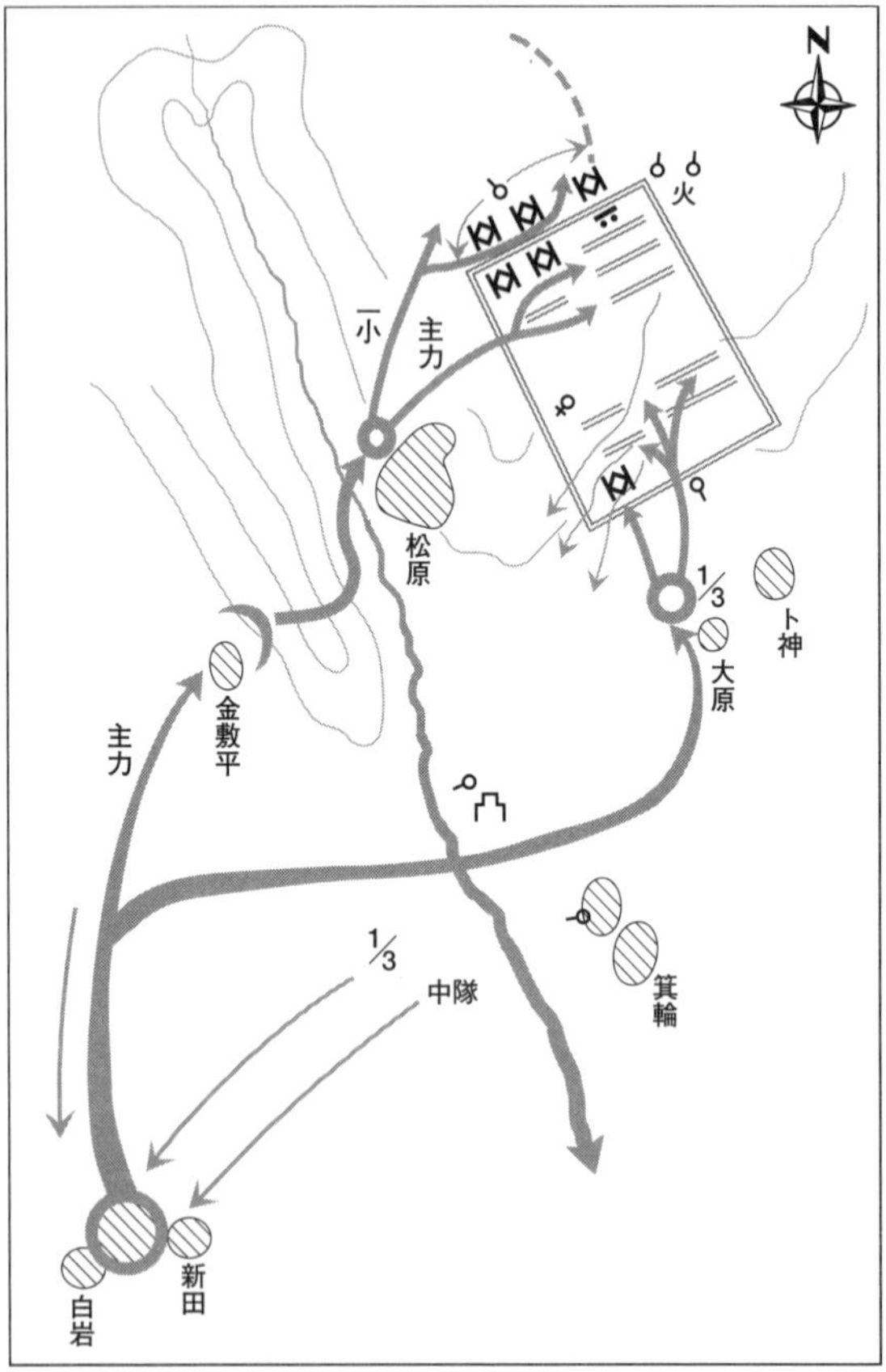
N
火
小
主力
松原
1/3
卜神
大原
金敷平
主力
1/3
中隊
箕輪
新田
白岩

第一　総則

一、本規定ハ五乙八丙校外綜合演習間ノ行動ニ関シ必要ナル事項ヲ規定ス。其ノ他細部ノ事項ニ関シテハ校内諸規定ニ依ル

第二　行事予定及編成

二、演習間ノ行事予定附表第一ノ如シ
三、統裁部、演習部隊、対抗軍ノ編成附表第二、第三ノ如シ

第三　集合及解散

四、統裁部部員及対抗部隊ノ一部ハ七月一日〇八〇〇「ぐんまやはた」ニ於テ統裁官ノ指揮ニ入リ七月八日富岡中学校ニ於テ講評後解散ス
五、演習部隊ハ七月二日〇八〇〇「ぐんまやはた」ニ於テ指揮ニ入リ七月八日富岡中学校ニ於テ講評後解散ス
六、対抗部隊ノ主力ハ先任者ノ引率ヲ以テ七月二日一二〇〇迄ニ相馬原拓一二〇七一部隊ニ到リ配置ニツキ七月四日演習中止講評後現地ニ於テ解散、先任者ノ引率ヲ以テ帰校ス

第四　服装

七、演習員ハ軍服（襟章ヲ除く）若クハ国民服トシ統裁部部員及対抗軍ハ軍服ヲ着用ス（全員鉄帽携行ス）
八、統裁部部員ハ左腕ニ白帯、対抗部隊ハ帽ニ白帯ヲ附ス
九、後段演習ニアリテハ赤軍ハ国民帽ヲ藍軍ハ戦帽ヲ着用ス。

但シ偽騙服ヲ着用セルトキハ其ノ限リニアラズ

第五　兵器及資材

十、演習ノ為必要ナル兵器資材附表第四ノ如シ

演習部隊ハ本表ノ外現地物資ノ利用ニ勉ムルモノトス

十一、附表第四ニ示ス資材ハ六月三十日一六〇〇演習部隊ニ交付ス

十二、演習間兵器資材掛左ノ如シ

将校　A

下士官　B

統裁部　C

演習部隊　D

対抗部隊　E

第六　給養及経理

十三、経費別紙第一ノ如シ

十四、演習間ノ給養附表第五ノ如シ

十五、大休止間ハ舎営トス

第七　防諜及身分

十六、演習間身分並ニ演習内容ノ防諜ニハ厳ニ注意スルト共ニ印刷物作業等紛失防止ニ関シ細心ノ注意ヲ払フモノトス

十七、演習間機秘密書類並ニ印刷物ハ携行ヲ禁ズ。計画等止ムヲ得ズ携行スルモノハ紛失セザル如ク細心ノ注意ヲ払フモノトス

十八、補助官ハ演習間外部ニ対シ特ニ防諜上ノ注意ヲナスト共ニ必要ナル場合ハ適宜処置ヲ講ズ

第八　制令及教令

十九、左ノ件ヲ禁止ス

1、治安防空作戦準備ヲ妨害スベキ行為

2、人体ニ危害ヲ及ボシ又ハ物件ヲ破壊スベキ行為

3、個人、公共ノ諸物品ノ無断借用

4、農耕地ヲ荒シ又飲食物ノ無断供餞ヲ受クルコト

5、乱闘スルコト

6、戦車車陣附近及燃料置場附近ニ於テ照明弾、信号弾ヲ用フルコト

二十、行動ニ関スル事項

1、演習員ハ重要ナル決心並ニ処置ヲナスニ方リテハ適宜統裁官又ハ補助官ニ連絡スルモノトス

2、単独行動間演習員若シクハ対抗部隊ニ依リ発見セラレタルトキハ行動ヲ中止シ他ニ転移スルモノトス。此ノ際離脱不可能ナルトキハ対抗部隊ト同行シ補助官ノ指示ヲ受クルモノトス

3、行動間事故発生セルトキハ速カニ統裁官又ハ補助官ニ連絡シ処置ス

4、連絡、偵諜、警戒等ノ為地方人ヲ使用シ又ハ地方物品ヲ借用セントスルトキハ補助官ノ認可ヲ受クルモノトス

2 飛行場掩撃

五乙
八丙　実科連日演習計画（対飛行場）　昭和二十年六月十三日
佐々木隊

第一　目的

五乙八丙学生ニ対シ在郷軍人ヲ併セ国内戦ニ於テ地区特別警備隊（小隊）ノ敵飛行場ニ対スル遊撃戦ヲ演練ス

第二　主要演練事項

一、飛行場ニ対スル候察

二、同　攻撃準備

三、同　各種攻撃手段

第三　演習日時、場所

1、日時　自　昭和二十年六月十九日

至　同六月二十一日　三日間

2、場所　埼玉県児玉郡児玉町附近

第四　編成

1、演習部隊

八丙ヲ以テ小隊長指揮班及四ヶ分隊ヲ有スル二ヶ小隊ヲ編成ス
別ニ児玉町在郷軍人約三〇名ヲ収編ス

2、対向部隊
下士官　五　兵　十五

3、統裁部
統裁官　松村中佐（下士官二、兵二ヲ附ス）
主任補助官　河南少佐
第一小隊補助官　八代少佐　中島少佐　出崎大尉　長谷川少尉
五乙学生　九名
第二小隊補助官　入澤少佐　清水大尉　内山大尉　竹内憲兵中尉
五乙学生　九名
器機係　角田軍曹

第五　集合、解散、服装

1、集合　六月十九日　〇八〇〇　佐々木隊本部前
2、解散　六月二十一日　一六〇〇　同右
3、服装　指揮官ハ軍装トシ、⅔ハ平服、⅓ハ軍装（小銃）補助官ハ白腕章ヲ附ス

第六　経理、輸送、給養

1、経費ハ演習費支弁トス（在郷軍人約三〇名使用ノ謝礼九〇〇円又自転車約一〇台借上料一〇〇

円ハ別トス）

2、富岡駅―児玉駅間ハ公用割兵割使用ノ集団輸送トス（往復共）

3、給養ハ十九日昼ハ弁当食、十九日夕ヨリ二十一日昼食迄現品携行トス

第七　資材

別紙一覧表ノ如シ

想　定

所要地図1／5万　高崎、寄居

一、敵米軍ハ児玉飛行場ヲ占領シ六月十七日飛行機約七〇機ヲ以テ使用ヲ開始セリ

二、児玉特別警備隊ハ一時若泉村拠点（児玉町西南約九粁）ニ退避シアリシモ六月二十日夜児玉飛行場ニ対シ遊撃戦決行ノ命令ヲ受領シ拠点ヲ推進シ鋭意準備中ナリ

三、残存セル国民ハ敵ノ監視下ニ極度ニ行動ヲ制限セラレアリ

四、当時ニ於ケル彼我態勢及知得セル状況附図及空中写真ノ如シ

問題第一（六月十八日　〇八〇〇提出）

小隊長ハ如何ニ処置シアルヲ適当トスルヤ

問題第二（各人毎ニ調製　偽騙携行）

本遊撃戦ニ必要ナル写図ヲ調製スベシ

一、偵諜

二、拠点ニ於テ何ヲスルカ（企図秘匿偽瞞シ、資材ノ整備、休養衛生、予備地点ノ設定）

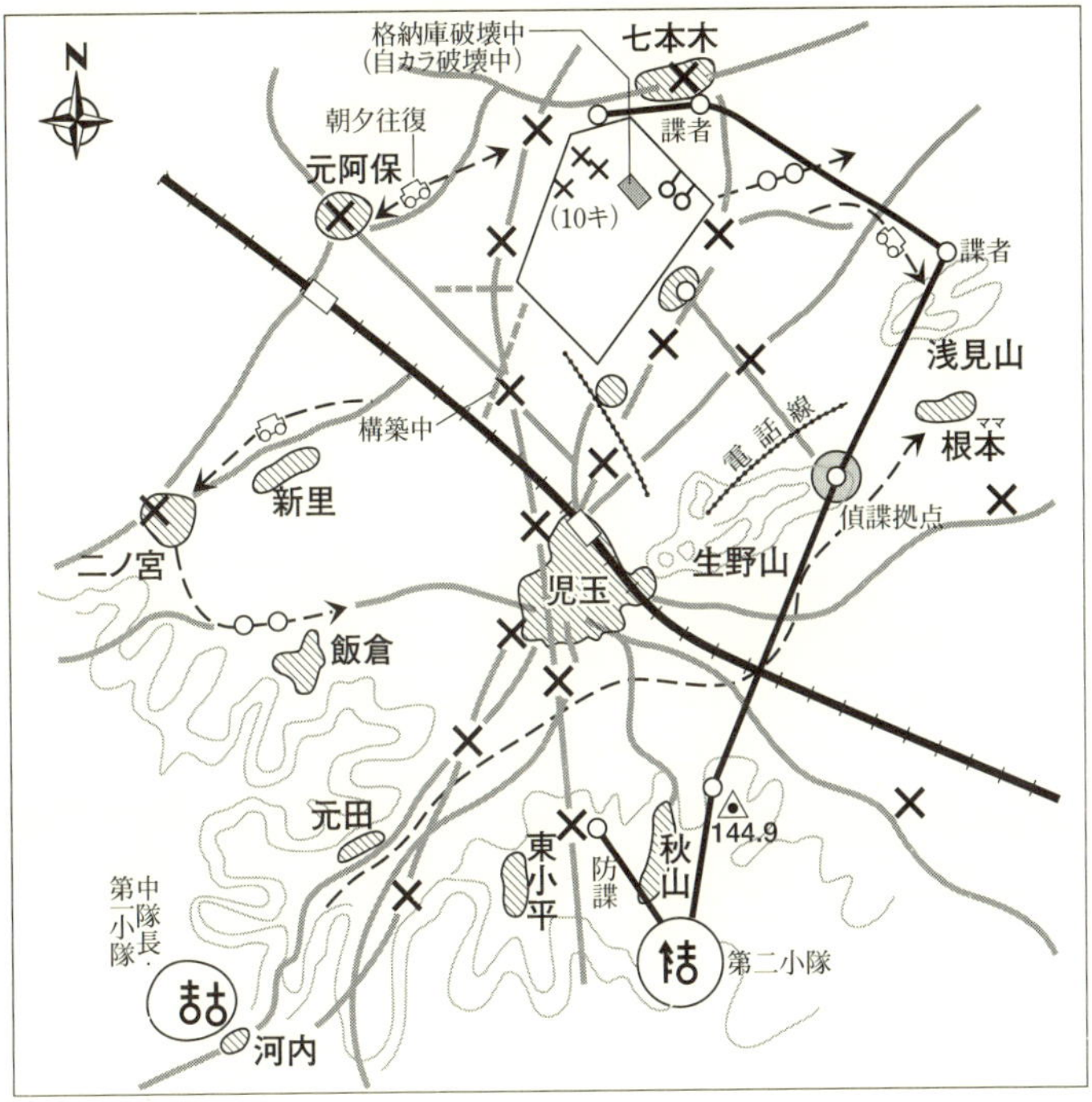

想定附図

六月十九日頃ニ於ケル彼我態勢及
知得セル状況要図

備考

一、×ハ敵ノ分哨ヲ示ス

二、―×―×ハ各小隊ノ捜索区域ヲ示ス

三、諜者ノ秘密写真及空中写真ハ幹部ノミニ交付ス

資材一覧表

資材	統裁部	演習部隊	対抗軍	合計
一〇〇式機関短銃		二		二
軽機関銃			一	一
小円匙		八		八
小十字鍬		八		八
鉈		二		二
呼子笛		一二	三	一五
夜光羅針		二四		二四
懐中電灯	九	二	三	一四
携帯天幕		一〇		一〇
一瓩爆発缶（樽型）		三〇		三〇
方形黄色薬（〃）		二二〇		二二〇
導火索器具		八		八
爆包			三〇	三〇
方型（ママ）黄色薬		二、四kg		二、四kg
導火索		五m		五m
導爆索		三m		三m

導火雷管		八本		八本
点火剤		四		四
瓶		四		四
軽機空包			六〇	六〇
小銃空包			一〇〇	一〇〇
信号弾		六	四	一〇
発煙筒	一〇			一〇
照明弾	二		三	五
ガソリン		二立		二立
麻紐		一〇〇〇m		一〇〇〇m
糸		二〇〇〇m		二〇〇〇m
マッチ		若干		
ゴム綿帯		四巻		四巻
偽騙服		一〇〇着		一〇〇着
点火管		八		八
備考				

実施要領	時刻	状況	指導要領	着眼	対抗軍ノ行動
五日	0500	学校出発、行軍	行軍部（一字不明）	一、警戒監視網腹案 警戒網ノ前端選定	
	0900	日向国民学校到着	妙義山概貌ノ把握	拠点ノ既定位置ト関係	
	1000	方中茶屋到着 状況第一 第十特警隊ハ六月四日崇台山出発夜暗ヲ利シ本（一字不明）境現在地ニ到着セリ 特警隊長命令	妙義山中腹ヨリスル現地偵察 葡萄園附近現地偵察 潜在計画ノ策定 問題第一提出	二、中隊長連路拠点ノ選定 中隊直接警戒位置ノ選定 三、潜在計画 イ、潜在地点ノ選定 ロ、比較的長期ニ亘	
	1200	「各中隊長ハ葡萄園附近洞窟ヲ利用シ比較的長期ニ亘ル潜在ヲ準備スベシ 尚十二時迄ニ各隊毎	同問題ノ研究現地教	ル潜在ノ為必要ナル施設 ハ、拠点ノ偽騙 ニ、警戒連絡ノ部署 ホ、給養	昼食後

	ニ潜在計画ヲ策定シ報告スベシ」	育	四、全員ヲ集合セシメ採草セル野草ヲ区分シ毒草ヲ識別シ食用ノモノニ付之ガ調理法等ヲ知得セシム（渡辺大尉三〇分）	学校出発
1300	特警隊長命令下達 「各中隊ハ潜在計画ニ基キ潜在スベシ」 状況第二	各中隊長ヲシテ中隊命令ヲ下達セシメ任務ヲ附興シタル後各小隊毎ニ野草ノ採集無煙「カマド」ノ作製		久原ニ於テ標旗ヲ立テ所要ノ距離間隔ヲ取リタル後出発
1500	「富岡残置員ノ報告ニヨレバ敵ハ近ク我ガ残存兵力ノ剔抉ヲ企図シ討伐ヲ開始スルト」	一、警戒配置ノ部署ヲ取ラシメ所要ノ予備連絡ヲナセシム	五、無煙カマド イ、炊爨時期ノ選定 ロ、設備場所 ハ、煙突ノ長サ 六、警戒連絡網ノ配置 視号　狼火　手旗 住民利用	
1600	対抗軍ノ行動ヲ活発化セシム →	二、拠点ノ偽騙 三、炊爨開始 敵襲ニ対スル準備	七、企図ノ秘匿偽騙	日向国民学校到着 諸戸方中茶屋附近迄斥候派遣
1700			イ、炊爨 ロ、拠点内ニ於ケル行動	二〇〇〇帰隊
1900	演習中止		ハ、偽装ハ自然	
	大休止		八、薄暮ヨリ夜間ニ転移スル警戒部署ノ変	大休止 一日分ノ飯盒炊爨

(偽)第四章第一節

日		六日
時刻		0500 0800 1200 1300
状況		0500 状況再興 0800 方中茶屋ニ敵現出 命令 「各中隊ハ各々予メ計画セル所ニ基キ地形ヲ利用シ敵ヲ撃砕シツツ逐次中ノ嶽神社ニ終結スベシ 集結時刻一二〇〇トス」 1200 状況終リ 1300 講評後下仁田駅ヲ経テ帰校
		直接警戒ノ態勢ヲ取ラシメタル後再興 一、各分隊毎ニ要所ヲ占領シツツ逐次離脱ス 二、残諜（ママ）ハ対抗部隊ヲ追究セシメツツ前進 中之嶽神社集結
	更 九、夜間警戒要領 住民トノ連絡（部署ノミ） 敵襲ニ対スル企図ノ明示	一、迅速ナル敵行動ノ発見連絡 二、中隊長以下ノ地形ヲ利用スル小戦斗部署 三、残諜ニヨル監視ノ継続 四、離脱集結
		〇五〇〇 捜索ヲ実施シツツ前進 〇六〇〇 諸戸ニ全兵力ヲ現示 〇八〇〇 方茶屋ヨリ攻撃開始 一〇〇〇 逐次（二字不明）ヲ減少セシメツツ状況中止 一二〇〇 中之嶽ニ集結

3 倉庫攻撃

倉庫攻撃指導計画	内山大尉
方針	対抗演習ニ依リ倉庫攻撃ノ為ノ情報収集、防諜、並ニ攻撃要領（準備、潜行、攻撃、離脱）ヲ綜合的ニ演練ス
	一、組織的偵諜及防諜 二、住民ノ獲得及利用法 三、敵性地区ニ於ケル分散潜行法 四、敵倉庫、集積所ニ対スル周到ナル攻撃準備 五、攻撃奏行後ノ離脱
日時	六月十三日―十五日
場所	小野村、東横野村、黒岩村、富岡町、一宮町、丹生村、高田村
集合	六月十三日〇七〇〇　校庭
服装	偽騙服
給養	十三日昼食携行 十四日　夕食、朝食、昼食、夕食｝現品調味料（燃料）携行

軍	指導官	補助官	編成	差出	装備
			統裁部	演習班八	♂(5)（3甲）—二 自転車2
西軍	三宅少佐	乙 一	ま 指揮班	乙一 五 丙① 五	各中隊 ↑2（弾一二〇）。ig六〇（各三）。自転車一。信号弾七。照明弾三。爆薬五〇瓩。手榴弾（各二）。呼子六。手旗二。懐中電灯一〇（内腕帯一〇）赤旗一〇。白旗一〇。発煙筒六。赤白旗一〇。磁石一〇。
西軍	入沢大尉	望月少尉 乙 二	第一小隊	丙①三四	
西軍	清水大尉	長谷川少尉 乙 二	第二小隊	丙①三三	
東軍	河南少佐	乙 一	ま 指揮班	乙 五 丙② 五	
東軍	中島大尉	西中尉 乙 二	第一小隊	丙②三四	
東軍	内山大尉	乙 三	第二小隊	丙②三三	

編成：田中少佐

制令

一、信越以北鏑川以南地区ハ行動スルヲ得ズ

二、敵諜者等ヲ攻撃セントスル者ハ補助官ニ報告シ審判ヲ受クルモノトス
三、格斗スルコトヲ禁ズ。敵ニ捕ヘラレ離脱不能ナル場合ハ補助官ノ許ニ至リ其ノ指示ニ依リ行動スベシ
四、住宅ヲ拠点トスルヲ禁ズ、但し土間・納屋等ハ了解ノ許ニ利用スルコトヲ得
五、帯刀者ノ夜間攻撃時ニ於ケル抜刀ヲ禁ズ
六、指導官、補助官ハ左腕ニ白帯ヲ附ス
七、偽騙服着用以外ノ時ハ東軍ハ白帯ヲ帽ニ附ス
八、演習上ノ規定

㈠　白旗　糧秣
㈡　赤旗　燃料
㈢　赤白旗　弾（爆）薬

（以上）ヲ表ワス

東軍想定

一、関東平野深ク侵入セル敵ニ対シ軍ハ赤城—榛名山ノ線ニ迎撃勇戦敢斗中ナリ

二、小野村ニ潜在シ資料糧秣等ヲ秘カニ集積次期遊撃準備中ナリシ北甘楽特警隊長ハ六月十三日〇七〇〇左記大隊命令要旨ヲ下達セリ

大隊命令

一、諸情報ヲ綜合スルニ敵ハ丹生村ニ軍需諸資材ヲ集積スルト共ニ特務機関ヲ推進シ住民獲得利用ニ勉メアルモノノ如シ

二、大隊ハ本十三日夜ヲ期シ丹生村敵集積所ヲ攻撃セントス

三、第一中隊ハ防諜ヲ厳ナラシムルト共ニ本十三日夜全力ヲ以テ敵集積所ヲ攻撃スベシ

三、同時迄ニ中隊長ノ知得セル敵情要図ノ如シ

問題

一、十三日〇七〇〇ニ於ケル中隊ノ態勢（要図答解）特ニ諜報網ヲ明瞭ナラシムベシ
六月十一日一六〇〇提出

二、第一中隊防諜並ニ情報収集計画
六月十二日〇八〇〇提出

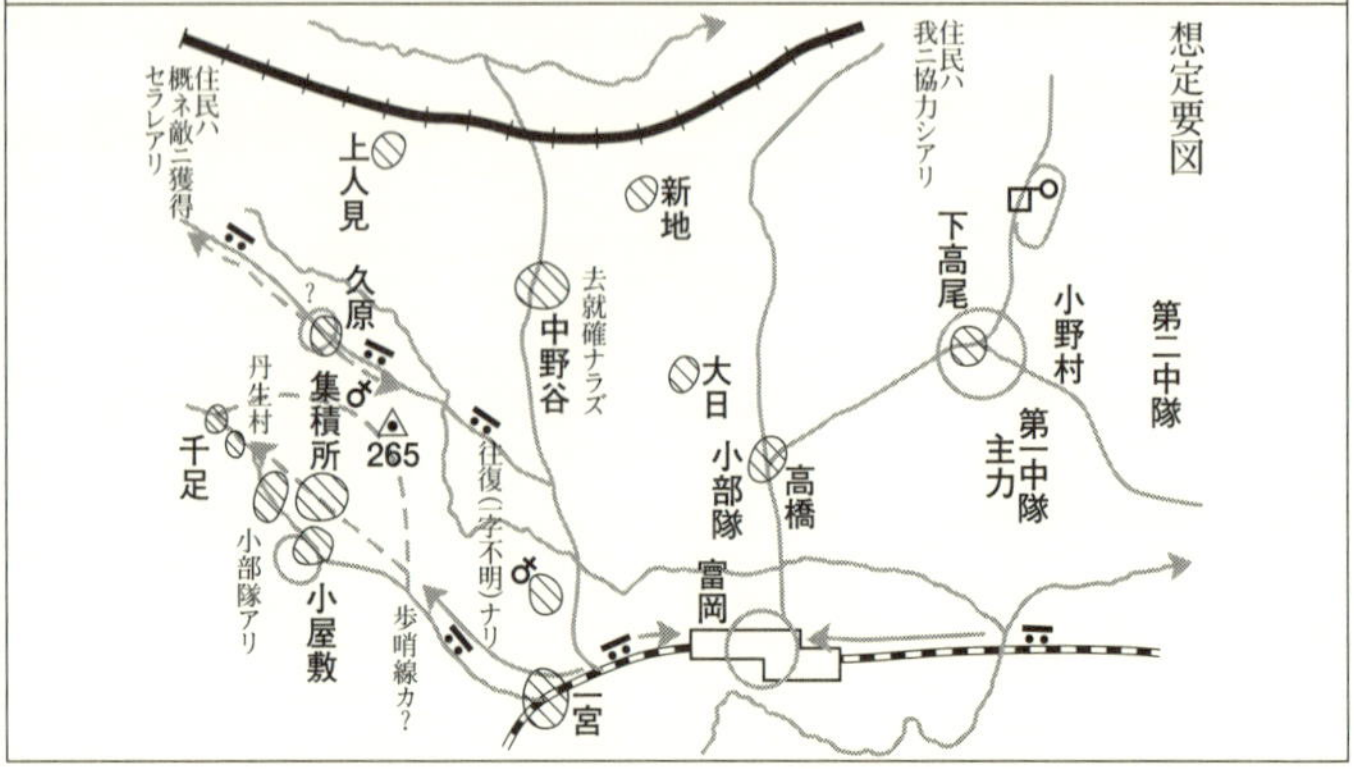

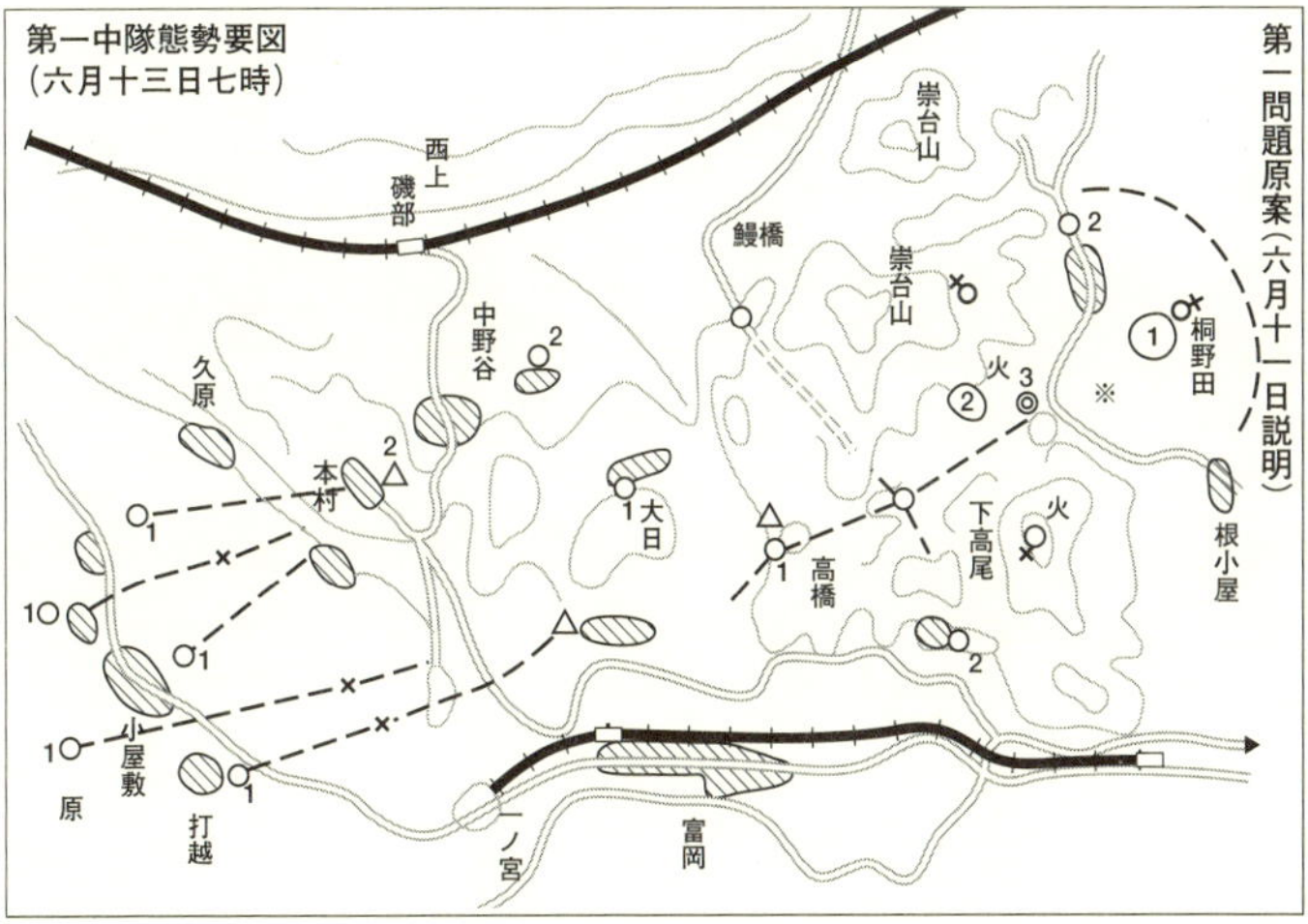
第一中隊態勢要図
(六月十三日七時)
第一問題原案(六月十一日説明)
西上
磯部
鰻橋
崇台山
崇台山
中野谷
久原
本村
大日
高橋
下高尾
桐野田
根小屋
小屋敷
原
打越
一ノ宮
富岡

第二問題原案（攻撃のための偵諜、実施命令）

方針　中隊ハ重点ヲ小屋敷附近ニ指向シ速カニ敵集積所攻撃部署決定ノ為資ヲ収集スルト共ニ倉庫防備ニ必要ナル資料ヲ収集ス

要領

一、在丹生既存諜者ヲシテ敵集所ノ状況特ニ位置資材種類容量及附近警戒状況並ニ地形ヲ偵諜セシムルト共ニ新ニ偵諜要員ヲ投入シ之ヲ強化ス

二、偵諜及連絡拠点ヲ推進シ報告通報ノ速達ヲ期ス

三、住民ヲ獲得利用シ偵諜網ヲ強化推進ス

四、地区内防諜組織ヲ強化シ敵諜者ノ強剔扶遂（ママ）用ニ勉メ以テ敵状並ニ敵企図判断資料ヲ収集ス

部署

兵力	派遣時機	入手 時機	入手 地点	偵諜要目
残諜五		第一回 一〇三〇 爾後適宜	宮崎 中山	敵倉庫位置資材 種類容量
♁一⫰二	〇九三〇	一二〇〇	山際	小屋敷東側山地ノ状況 及警戒状況
新光寺〇 黒川〇 別保〇		一二〇〇 爾後適宜	山際	倉庫警戒状況 敵警備兵力、山地ノ状況
♁一⫰三	一〇〇〇	一三〇〇		下丹生西側山地林相警戒近況
♁一⫰二	一〇〇〇	一四〇〇		小屋敷周辺視界 通馬 難易 敵歩哨線
各⫰二	一〇三〇	一五〇〇		宮崎 附近 久原
♁一⫰二	一一〇〇	一五〇〇		本村以東ノ地形特ニ潜行路

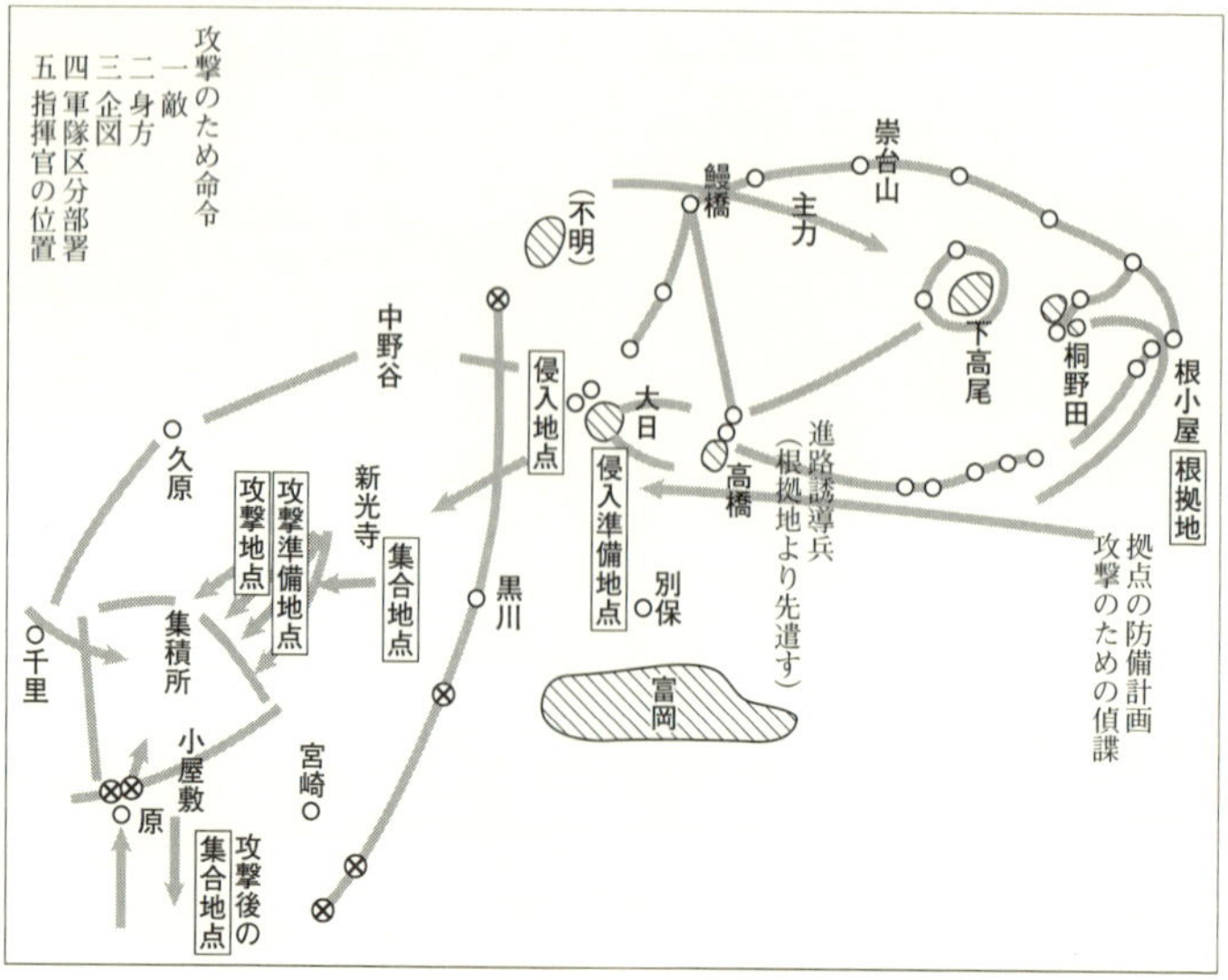
攻撃のため命令
一 敵
二 身方
三 企図
四 軍隊区分部署
五 指揮官の位置
崇台山
鰻橋
主力
（不明）
下高尾
桐野田
根小屋
根拠地
中野谷
侵入地点
大日
侵入準備地点
高橋
進路誘導兵
（根拠地より先遣す）
拠点の防備計画
攻撃のための偵諜
久原
新光寺
攻撃地点
攻撃準備地点
集合地点
黒川
別保
集積所
千里
富岡
小屋敷
宮崎
原
攻撃後の
集合地点

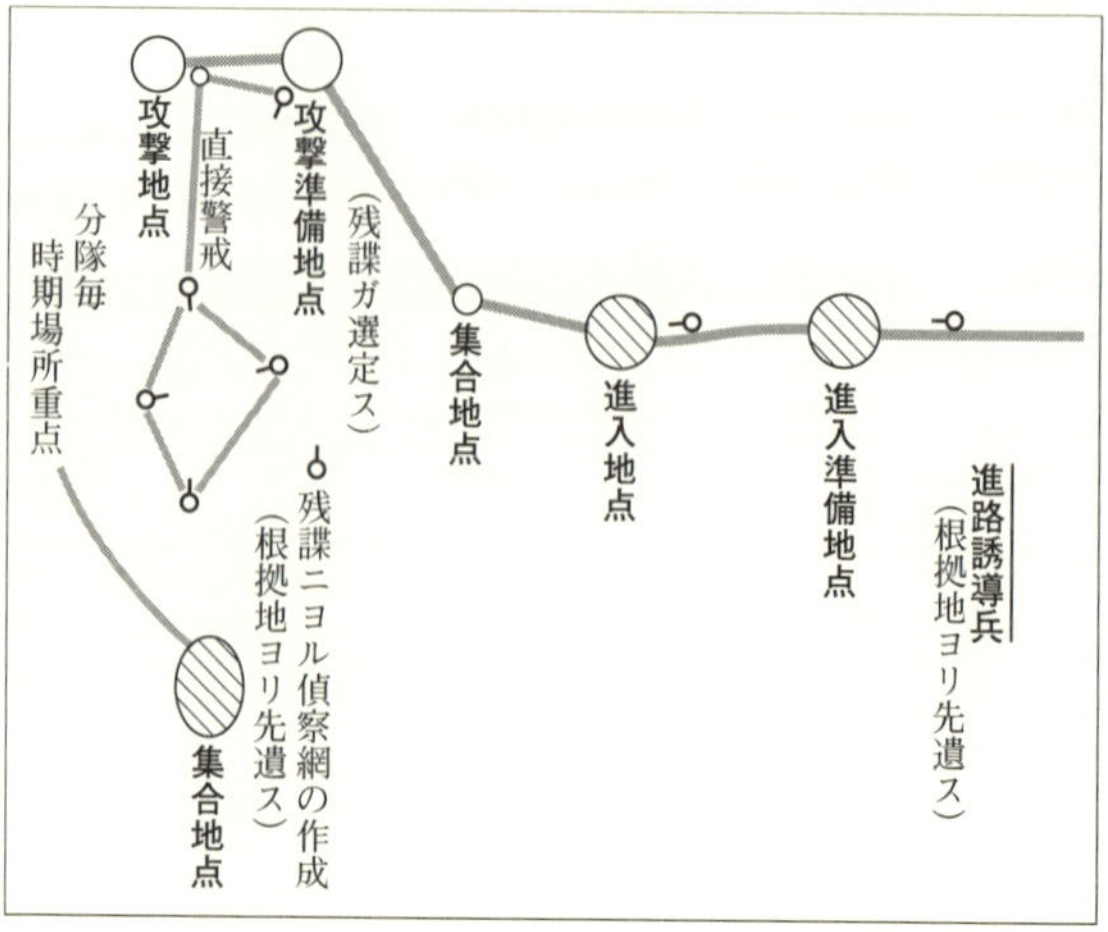
攻撃地点
攻撃準備地点
直接警戒
（残諜ガ選定ス）
集合地点
進入地点
進入準備地点
進路誘導兵
（根拠地ヨリ先遣ス）
分隊毎
時期場所重点
残諜ニヨル偵察網の作成
（根拠地ヨリ先遣ス）
集合地点

野外潜在

五乙 八丙　実科終日演習計画（其ノ三）　中島大尉

課目	野外潜在現地自活
目的	敵情稍ニ厳ナル場合ニ於テ比較的長期ニ亘ル野外潜在現地自活ノ要領ヲ基礎的ニ演練スルニアリ
主要演練項目	一、野外拠点（洞窟拠点）ニ於ケル棲息要領 二、野外潜在間ノ警戒要領 三、野草ニヨル現地自活 四、敵襲ニ対スル天嶮ヲ利用スル小戦斗法
日時	六月五日　〇五〇〇 六月六日　一七〇〇
場所	妙義山中之嶽山麓附近
服装	軍装昼食及一日分定量主食 調味品（味噌）
経費	下仁田―七日市駅間 電車賃一八五名

編成				
指導官		渡邊大尉（一中） 中島大尉（二中） 清水大尉（一ノ一） 内山大尉（二ノ二） 長谷川少尉（一ノ二） 染谷少尉（二ノ一）		
演習部隊		第一中隊	第二中隊	対抗部隊
	人員	長（乙） 指揮班　長（乙）員一〇（丙ノ一五 丙ノ二五） 第一小隊　長（乙）員（乙）一八 （丙ノ三）一〇 （丙ノ二）五 第二小隊　長（丙ノ一）員（丙ノ一）三五	長（丙ノ二） 指導班　長（丙ノ三）員（丙ノ二五 丙ノ三五） 第一小隊　長（丙ノ二）員（丙ノ二）三五 第二小隊　長（丙ノ三）員（丙ノ三）三五	下士官三（本部及演習班） 兵一〇（演習班）
	兵器資材	♂空包三〇iG二〇空包各二 信号弾三　爆薬二〇瓩 手榴弾五〇 手旗二組　天幕二〇 毛布各人一　円匙一〇	同右	♂一　空包一〇〇 ig空包各一〇 赤旗三　黄旗三 赤白旗三

想定

一、関東平野ヲ深ク侵寇セル敵米軍ハ信越線及ビ上信電鉄ニ沿フ地区ノ要点ヲ確保シ宣伝、宣撫工作ヲ行フト共ニ近次特ニ活発ナル討伐行動ヲ開始セリ

二、五月上旬正規軍ト協力シ果敢ナル遊撃戦ヲ敢行シアリシ第十特警隊ハ更ニ妙義山中深ク潜在シ敵後方攪乱ヲ企図シアリ

三、六月五日ニ於ケル彼我ノ態勢概要下図ノ如シ

教令

一、敵ハ軍服（附白帯）ヲ着用セル実員及標旗ヲ以テ示ス

二、赤旗一ハ歩兵一中隊　黄旗一ハ迫撃砲一小隊

赤白旗ハ軽機及火焔発射機ヲ示ス

三、問題

中隊潜在計画（潜行法ノ参考　第三章潜在ヲ参照）

（現地ヲ偵察シタル後五日一二〇〇提出）

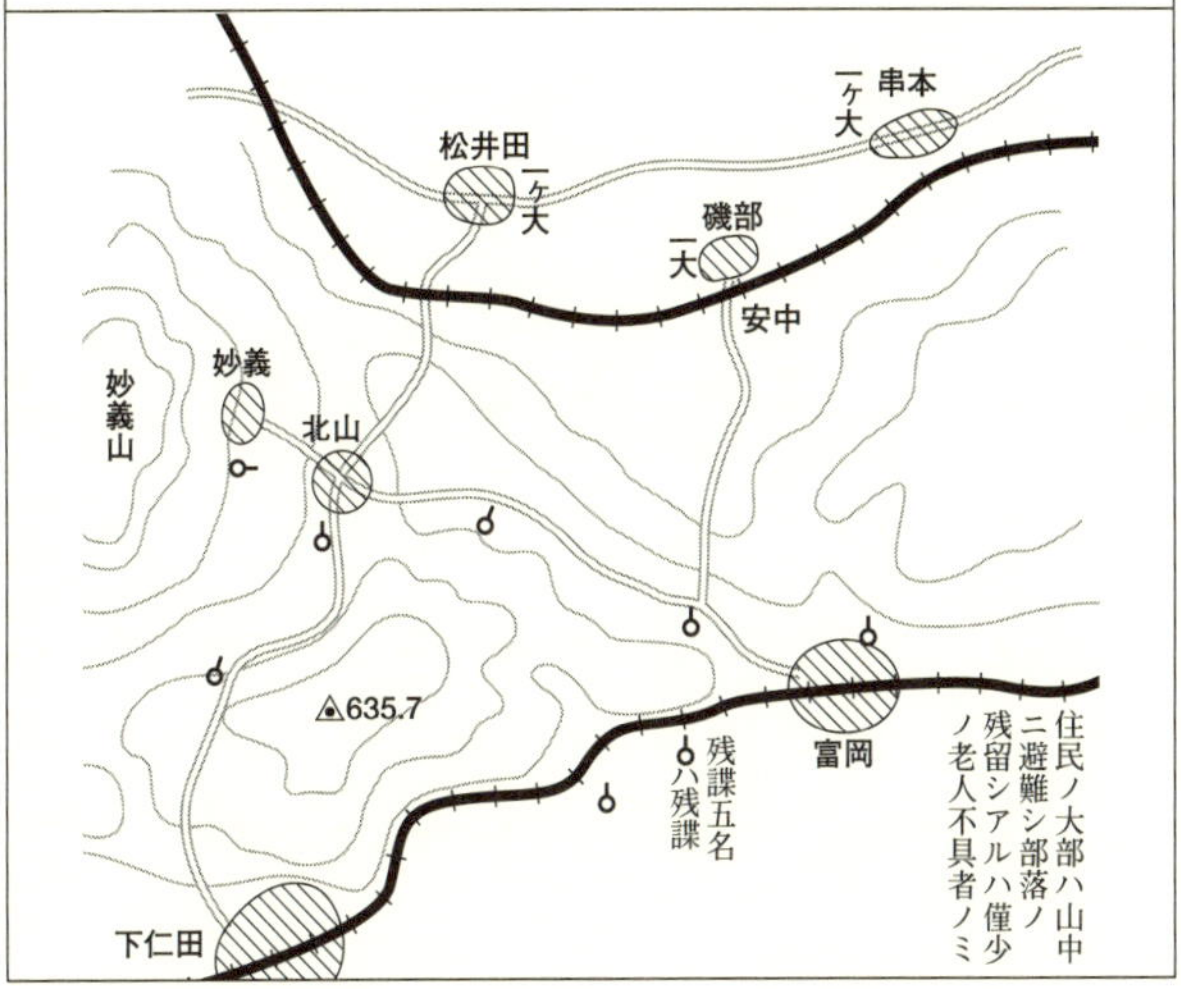

斎藤充功（さいとう・みちのり）

1941年、東京生まれ。ノンフィクション作家。東北大学工学部中退。主な著書に『日米開戦50年目の真実——御前会議はカク決定ス』(時事通信社)『謀略戦——陸軍登戸研究所』(学研M文庫)『昭和史発掘　幻の特務機関「ヤマ」』『昭和史発掘　開戦通告はなぜ遅れたか』(ともに新潮新書）がある。

諜報員《ちょうほういん》たちの戦後《せんご》
陸軍中野学校《りくぐんなかのがっこう》の真実《しんじつ》

平成十七年七月二十日　初版発行

著　者——斎藤充功《さいとうみちのり》

発行者——田口惠司

発行所——株式会社角川書店
東京都千代田区富士見二-一三-三
〒一〇二-八一七七
振替〇〇一三〇-九-一九五二〇八
電話／営業〇三-三二三八-八五二一
編集〇三-三二三八-八五五五

印刷所——旭印刷株式会社

製本所——株式会社鈴木製本所

ISBN4-04-883927-6　C0095